Aus dem staatlichen hygienischen Institut in Hamburg.

Beitrag zum derzeitigen Stande

der

Abwasserreinigungsfrage

mit besonderer Berücksichtigung der

biologischen Reinigungsverfahren

von

Prof. Dr. Dunbar,
Direktor
des hygienischen Instituts.

Dr. K. Thumm,
Chemiker
der Klärversuchsanlage für Sielwässer.

München und Berlin.
Druck und Verlag von R. Oldenbourg.
1902.

Vorwort.

Die günstigen Berichte über die Erfolge, welche man bei Anwendung der künstlichen biologischen Verfahren zur Abwasserreinigung — des Oxydationsverfahrens und des Faulverfahrens — erzielte, haben in den interessierten Kreisen — in erster Linie bei Vertretern der Städte, Fabrikbesitzern, namentlich auch bei den Aufsichtsbehörden — die Hoffnung erweckt, daſs es nunmehr gelingen möchte, vielfachen Miſsständen abzuhelfen, die auf dem Gebiete der Schmutzwasserbeseitigung noch bestehen und sich durch die bislang verfügbaren Methoden nicht in ausreichendem Maſse beseitigen lieſsen.

In der hiesigen staatlichen Klärversuchsanlage sind die fraglichen biologischen Methoden seit einigen Jahren einer fortgesetzten Beobachtung und experimentellen Prüfung unterzogen worden. Fast tägliche Besuche und Anfragen nach dem Verlaufe und dem Ergebnis unserer Versuche haben uns gezeigt, ein wie verbreitetes Interesse für diese Reinigungsmethoden besteht. Wir glauben deshalb den Wünschen vieler entgegen zu kommen, wenn wir die Resultate unserer bisherigen Beobachtungen hierdurch der Öffentlichkeit übergeben.

Mögen die überraschend guten Erfolge, über welche nachstehend berichtet wird, einen neuen Anstoſs geben zur systematischen Bekämpfung der mehr und mehr zunehmenden Verunreinigung unserer öffentlichen Gewässer.

Hamburg, den 23. November 1901.

Die Verfasser.

Inhaltsverzeichnis.

Kapitel I.

Einleitung.

Der Inhalt nachfolgender Arbeit stellt in erster Linie einen Bericht dar über die Thätigkeit der Hamburger Klärversuchsanlage im Jahre 1900. Im Berichtsjahre haben wir uns wiederum fast ausschließlich mit der Prüfung des Oxydationsverfahrens befaßt. Wir erachten das gründliche Studium dieses Abwasserreinigungsverfahrens als eine der zur Zeit dringendsten Aufgaben auf dem Gebiete der Abwasserbeseitigungs- und Reinigungsfrage. Diese Auffassung findet sich weiter unten des Näheren begründet.

Auf dem Gebiete der Abwasserreinigung hat sich neuerdings erfreulicherweise eine lebhafte und vielseitige Thätigkeit entwickelt.

Seit Max v. Pettenkofer dafür eingetreten ist, daß die gesamten Schmutzwässer selbst größerer Städte unter gewissen Umständen ohne vorherige Reinigung, bezw. nach einer nur oberflächlichen Reinigung, den öffentlichen Gewässern überantwortet werden dürfen, ohne daß die Entstehung sanitärer Schäden zu befürchten wäre, und seit Karl Fränkel dieser Auffassung mit mutigem Entschlusse beigetreten ist, ist durch das Zusammenwirken zahlreicher Fachleute eine Bresche gelegt worden in das Bollwerk theoretischer Bedenken, welches sich den Fortschritten auf dem Gebiete der Städtekanalisation bis dahin entgegenstellte. Es brach sich die Überzeugung allgemein Bahn, daß ein zu starres Festhalten an der schematischen Forderung einer durchgreifenden Abwasserreinigung, eventuell gar Desinfektion, gleichbedeutend sei mit einer fast völligen Sistierung der Städtekanalisation.

Inzwischen hat man fast überall, insbesondere auch in Preußen, den Grundsatz anerkannt und befolgt, daß die Frage, ob eine künstliche Reinigung der Abwässer überhaupt erforderlich, bezw. welche Art der Reinigung im gegebenen Falle aufzuerlegen sei, nur von Fall zu Fall unter eingehender Prüfung der gesamten Verhältnisse zu entscheiden ist. Wiederholt wurde bei Genehmigung von Kanalisationsprojekten

nur die Ausscheidung sämtlicher, bezw. eines gewissen Teiles der
ungelösten Stoffe aus den Abwässern gefordert.

Ehe wir auf die Berichterstattung über unsere eigenen Versuche
eingehen, mögen die Eindrücke eine kurze Darlegung erfahren, welche
wir gelegentlich der Besichtigung neuerer Abwasserreinigungsanlagen
erhalten haben.[1]

Zur Ausscheidung der Sinkstoffe sind neuerdings Sandfänge
verschiedenartigster Konstruktion hergestellt und in Prüfung genommen
worden. Die einschlägigen Versuche befinden sich aber gröfstenteils
noch im Anfangsstadium und gestatten noch kein sicheres Urteil.

Die Ausscheidung der Schwimm- und Schwebestoffe wurde
bis vor kurzem fast allgemein durch einfache Gittervorrichtungen
bewerkstelligt, von denen die angeschwemmten Stoffe entweder von
Hand, oder durch maschinell betriebene, einfache, harkenartige Rechen
entfernt wurden. Während der letztverflossenen Jahre hat aber gerade
die Aufgabe des Abfangens dieser Stoffe einer sehr eingehenden und
vielseitigen Bearbeitung unterlegen. Man hat bekanntlich Konstruk-
tionen ersonnen, mittels deren es gelingt, die Schwimm- und Schwebestoffe bis zu Partikelchen von 1 mm oder gar $1/2$ mm herab auf
automatischem Wege abzufangen, auf rotierende Transportbänder und
von da aus in Abfuhrwagen zu werfen, ohne dafs irgend eine dieser
Verrichtungen von Menschenhand zu geschehen braucht. Wir haben
uns kürzlich davon überzeugen können, dafs man dort, wo derartige
von der Firma Riensch & Co. hergestellte Einrichtungen seit mehreren
Jahren im Betrieb sind, überaus zufrieden damit ist. Wir wollen deshalb
auch nicht bestreiten, dafs die neuen, vereinfachten Rienschschen
Abfangvorrichtungen unter Umständen, namentlich in den Orten, wo
ohnehin gröfsere Anlagen und maschinelle Einrichtungen vorhanden
sind, gewisse Vorzüge vor anderen Abfangvorrichtungen haben. Wir
müssen es aber als gänzlich verfehlt erachten, wenn kleinere Städte
diese, sowohl in der Anschaffung, wie auch im Betriebe kostspieligen
Anlagen zur Anwendung bringen, sofern ihnen nur die Aufgabe gestellt
ist, die Schwimm- und Schwebestoffe auszuscheiden. In solchen Fällen
scheint uns die Lösung der Aufgabe durch einfachere Gitterkonstruk-
tionen, die von Hand gereinigt werden, weit zweckentsprechender zu sein.

Es existieren Einrichtungen zum Abfangen der gröberen, ungelösten Stoffe aus den Abwässern, bei denen nur eine Arbeitskraft
erforderlich ist, um die gesamten, durch Gittervorrichtungen festgehaltenen, festen Stoffe von mehr als 300000 Personen zu beseitigen.

---

[1] Die Mitarbeit des Herrn Dr. Thumm, der seit dem 1. April 1901
wissenschaftliches Mitglied der Königl. Versuchs- und Prüfungsanstalt für
Wasserversorgung und Abwässerbeseitigung in Berlin ist, beschränkt sich auf
seine Thätigkeit am Hamburgischen Hygienischen Institut.

Das zeigt schon, wie verkehrt es sein würde, zur Erledigung derselben Aufgabe in Städten von nur wenigen Tausend Einwohnern Einrichtungen zu wählen, bei denen, abgesehen von komplizierten Maschinerieen, auch noch die Bedienung der Apparate durch besondere Maschinisten notwendig ist.

In Anlehnung an die Rienschschen Apparate sind neuerdings Vorrichtungen ersonnen worden, bei denen die Abwässer successive gröbere und feinere Gitter passieren, bei denen aber die Gitter zwecks Entfernung der festgehaltenen Stoffe mittels Hebel von Hand aus dem Abwasser herausgehoben werden. Solche in Wiesbaden zur Zeit in Prüfung befindliche und in Allenstein eingeführte Vorkehrungen scheinen uns, namentlich auch für kleinere Städte, sehr empfehlenswert zu sein.

Die Abwasserreinigungsanlage der Stadt Kassel sucht die in Frage stehende Aufgabe in einer von den üblichen Methoden gänzlich abweichenden Weise zu lösen. Das Abwasser tritt in dieser Anlage beim Eintritt nicht sofort durch Gittervorrichtungen, sondern die letzteren befinden sich am hinteren Ende der ganzen Anlage. Die Folge hiervon ist, daß nur verschwindend geringe Mengen von Schmutzstoffen überhaupt bis zu den Gittern gelangen; der größere Teil lagert sich in den Sedimentierbecken vorher ab. Unter solchen Umständen kann der Schlamm aus den Becken mit Rücksicht auf die darin enthaltenen gröberen Stoffe nicht mittels Pumpen abgesogen werden. In Kassel dient ein Kessel, der luftleer gemacht wird, zur Schlammbeförderung. Dieser Versuch, der bislang sehr befriedigend verlaufen sein soll, beansprucht ohne Zweifel großes Interesse.

Auch die Frage, wie man bauliche Anlagen und Betrieb der zur mechanischen Sedimentierung von Abwässern bestimmten Anstalten am zweckmäßigsten gestalte, hat, dank der dazu von centraler Stelle in Preußen gegebenen Anregung, während der letztverflossenen Jahre einem eingehenden Studium unterlegen. Diese Versuche haben ergeben, daß eine Verlangsamung des Abwasserstromes bis zu dem früher als notwendig erachteten Grade keine wesentlich größeren Reinigungseffekte zur Folge hat, als der Betrieb mit erheblich größeren Geschwindigkeiten, sofern nur Sedimentierbecken von geeigneter Länge zur Anwendung kommen. Bei einer Beckenlänge von 75 m konnte man in den Versuchen von A. Bock und Schwarz in Hannover mit einer Geschwindigkeit von 4 mm pro Sekunde 62,7 % der ungelösten Stoffe ausscheiden, bei einer Geschwindigkeit von 15 mm aber annähernd ebensoviel, nämlich 57,3 %. Bei Sedimentierbecken von solcher Länge kann man deshalb die früher empfohlenen Geschwindigkeiten des Abwasserstromes auf annähernd das Vierfache steigern, ohne daß dadurch der Effekt wesentlich herabgesetzt wird.

1*

In beachtenswerter Weise ist das mechanische Sedimentierverfahren durch Herrn Ingenieur Mairich in Gotha ausgebildet worden. Den von ihm gebauten Anlagen, welche durchweg zufriedenstellend funktionieren, liegt das Prinzip der Klärbrunnen zu Grunde. Das zu reinigende Abwasser bewegt sich nicht in horizontaler, sondern in vertikal aufsteigender Richtung. Der zurückzulegende Weg beträgt nur wenige Meter; die Bewegung des Abwassers wird aber durch die angewendete Konstruktion gleichmäfsig derartig verlangsamt, dafs das Produkt schon nach Zurücklegung eines so kurzen Weges von dem gröfsten Teil der ungelösten Stoffe befreit ist. Bei den vorgenommenen Besichtigungen dieser Anlagen begegneten wir durchweg überraschend guten Ergebnissen. Nur in einem Falle, wo die rechtzeitige Beseitigung des Schlammes versäumt und letzterer in den Klärbrunnen in Fäulnis übergegangen war, liefs der Effekt zu wünschen übrig. Ein Hauptvorzug der Mairich schen Anlagen liegt in der bequemen Art, in welcher sich der gewonnene Schlamm aus dem Klärbrunnen ohne umständliche mechanische Arbeiten und mit relativ geringer Wasservergeudung beseitigen läfst. Die von Mairich in Ohrdruf, Thüringen, konstruierte Kläranlage darf als eine nach jeder Richtung gründlich durchdachte, mustergültige Anlage bezeichnet werden. Nach dem ersten Eindruck, den man bei Besichtigung dieser Anlage gewinnt, neigt man dazu, dieselbe für sehr kostspielig und im Betriebe kompliziert zu halten. Bei näherem Studium gelangt man aber zu der gegenteiligen Überzeugung.

Dafs mittels der chemischen Fällungsverfahren die Ausscheidung der ungelösten Stoffe aus dem Abwasser vollständiger gelingt als durch die mechanischen Verfahren, ist bekannt. Ebenso bekannt und anerkannt ist aber zur Zeit auch die Thatsache, dafs durch chemische Fällungen über den Kläreffekt hinaus keine wesentlichen Reinigungserfolge zu erzielen sind. Da man nun mittels der einfachen mechanischen Aussedimentierung einen bemerkenswerten Erfolg zu erzielen vermag, ohne die bekannten, mit der chemischen Fällung zusammenhängenden Nachteile in den Kauf nehmen zu müssen, so erfreut sich erstere zur Zeit einer zunehmenden Beliebtheit, zumal sie sich mit erheblich einfacheren Betriebseinrichtungen durchführen läfst.

Der Hauptvorzug der rein mechanischen Verfahren liegt darin, dafs sich pro Kopf der Einwohnerzahl in der Regel nur etwa 0,30 l Schlamm täglich ergeben, wogegen bei Verwendung von chemischen Fällungsmitteln, z. B. Kalk, sich die Schlammmenge durch Hinzukommen des sich aus den Chemikalien bildenden Schlammes leicht um das 2- bis 3 fache vergröfsert, ohne dafs ein entsprechend höherer Reinheitsgrad der Abwässer erreicht würde.

Ein, sämtlichen Sedimentier- und Fällungsmethoden anhaftender Mangel liegt darin, daſs eine Beseitigung des Schlammes aus den Klärbecken, -Brunnen und -Türmen in relativ kurzen Perioden erfolgen muſs, wenn die Leistungen der Anlage auf der Höhe bleiben sollen.

Zur Zeit gibt man sich vielfach der Hoffnung hin, daſs diese häufige Schlammbeseitigung sich durch Anwendung des sogenannten »Open-Septic-Tank-Verfahrens« würde umgehen lassen, welches Verfahren im folgenden als »Faulbeckenverfahren« bezeichnet werden soll. Bei dieser Methode werden die Abwässer in kontinuirlichem Strome durch Becken geleitet und zwar so langsam, daſs sie durchschnittlich 24 Stunden darin verbleiben. Sie treten dann annähernd frei von ungelösten Stoffen aus den Becken heraus. Wie in Kapitel VIII noch dargelegt werden soll, hat man stellenweise den Schlamm aus den betreffenden Becken in mehrjährigem Betriebe überhaupt nicht entfernt. Man erwartet, daſs der später aus den Becken zu entfernende Schlamm die bei frischem Schlamm sehr störend wirkenden, wasserbindenden Eigenschaften verloren haben und sich deshalb leichter in stichfeste Form bringen lassen wird. Anderseits und namentlich rechnet man darauf, daſs in den Becken etwa die Hälfte des Schlammes durch den Fäulnisprozeſs zerstört wird, und daſs deshalb nur etwa 50 % der früher erhaltenen Schlammmenge definitiv zu beseitigen sein wird. Auf alle diese Fragen kommen wir in dem bezeichneten Kapitel zurück. An dieser Stelle sei nur hervorgehoben, daſs es als experimentell festgestellt angesehen werden darf, daſs diese Erwartungen für gewisse Städte in Erfüllung gehen werden. In andern Fällen wird man einen so günstigen Verlauf nicht erwarten dürfen, sondern damit zu rechnen haben, daſs manche Abwässer beim Passieren der Faulbecken eine Beschaffenheit annehmen, welche die definitive Reinigung derselben in solchem Maſse erschwert, daſs die etwa in Bezug auf die Schlammbeseitigung zu erzielenden Erleichterungen dagegen kaum in Betracht kommen können.

Die Frage, wie man den durch das Sedimentierverfahren gewonnenen frischen Schlamm am besten zu entwässern vermöge, unterliegt zur Zeit an verschiedenen Orten einer experimentellen Prüfung. Auch ist die Hoffnung, diesen Schlamm in gewinnverheiſsender Weise auszubeuten, noch nicht von allen Seiten aufgegeben worden. Sämtliche hierher gehörigen Versuche befinden sich nach den Eindrücken, die wir erhalten haben, noch in den Anfangsstadien. Zur Zeit treten uns überall vorwiegend noch die groſsen Schwierigkeiten entgegen, die sich der Beseitigung gröſserer Schlammmengen fast ausnahmslos entgegenstellen. Die Schlammbeseitigungsmethoden, welche man an verschiedenen Orten zur Zeit anwendet, scheinen sämtlich, sofern nennenswerte Schlammmengen überhaupt in Frage kommen, nur Notbehelfe zu sein.

Wir haben uns an den oben besprochenen Aufgaben nicht praktisch bethätigt, sondern uns, wie schon angedeutet wurde, in der Hamburger Klärversuchsanlage fast ausschliefslich mit dem weiteren Studium des Oxydationsverfahrens, bezw. des Faulverfahrens befafst. Wir sind fest davon überzeugt, dafs das Oxydationsverfahren in Zukunft eine grofse praktische Bedeutung gewinnen wird. Zu dieser Auffassung veranlassen uns einerseits die Einfachheit und Leistungsfähigkeit des Verfahrens, anderseits die zunehmende Überzeugung, dafs das Oxydationsverfahren sich nicht allein den verschiedensten in Bezug auf Reinheitsgrad zu stellenden Anforderungen anpassen läfst, und dafs es unabhängig von lokalen Verhältnissen überall ausführbar ist, sondern dafs es sich namentlich auch billiger stellt als diejenigen Reinigungsverfahren, welche gleiche Reinigungseffekte gewährleisten.

Bei der Beurteilung des Wertes der Methoden zur Reinigung städtischer Abwässer darf man folgendes nicht aus dem Auge lassen. Wenngleich einer gröfseren Anzahl von Städten in richtiger Erkenntnis der dadurch zu erreichenden Fortschritte in der Städteassanierung gestattet worden ist, sämtliche Schmutzwässer nach nur oberflächlicher Reinigung in die Stromläufe zu entsenden, so konnte diese Genehmigung doch nur unter gewissen Vorbehalten erfolgen. Die Notwendigkeit solcher Vorbehalte ergibt sich schon aus der Thatsache, dafs die Gröfse der Städte und die Zahl und Ausdehnung der industriellen Anlagen, somit auch die Menge der Schmutzwässer, in fortwährendem und nicht immer regelmäfsigem Wachsen begriffen ist. Wenn also auch von der Einleitung nur oberflächlich gereinigter Schmutzwässer zur Zeit im gegebenen Falle irgend welche Übelstände nicht zu befürchten sind, so könnten dieselben mit der Zeit doch hier und dort eintreten, weil nur die Menge der Schmutzstoffe wächst, welche den Flufsläufen zugeführt wird, nicht aber das Selbstreinigungsvermögen der letzteren.

Man knüpft deshalb die Konzession an die Bedingung, dafs später nötigenfalls eine mehr durchgreifende Reinigung der Abwässer Platz zu greifen hat. Dort, wo geeignete Gelände in genügender Gröfse zur Durchführung des Berieselungsverfahrens, oder eventuell der unterbrochenen Filtration, zur Verfügung stehen, können aus derartigen Bedingungen kaum jemals Schwierigkeiten erwachsen. Wo solches aber nicht zutrifft, da würde eine Erfüllung der später aufzuerlegenden Bedingungen, d. h. eventuell eine durchgreifende Reinigung der Abwässer bis zur völligen Beseitigung ihrer Fäulnisfähigkeit, sich nach dem derzeitigen Stande unserer Kenntnisse nur durch das Degenersche Kohlebreiverfahren oder durch das Oxydationsverfahren, bezw. das Faulverfahren, ermöglichen lassen. Dafs aber geeignete Gelände zur Berieselung oder unterbrochenen Filtration fast durchweg gerade dort fehlen, wo sie am notwendigsten wären, ist eine zur Zeit fast allgemein anerkannte Thatsache.

Die unterbrochene Filtration ist unseres Wissens in Deutschland bislang nur von einer Seite geprüft worden und zwar von Dünkelberg in Essen. Die von Dünkelberg veröffentlichten Schlufsfolgerungen aus den seinerseits angestellten Versuchen sind mit unsern Beobachtungen in keiner Weise in Einklang zu bringen. Die Fehler, welche Dünkelberg bei seinen in äufserst mangelhafter Weise durchgeführten Versuchen und Berechnungen begangen hat, sind geradezu ungeheuerlich. Bei Anwendung der unterbrochenen Filtration wird sich die erforderliche Fläche im günstigsten Falle etwa 10—12 mal so klein stellen als bei der Berieselung, nicht aber 100 mal so klein, wie Dünkelberg berechnet. Auf Geländen, wie denjenigen, auf denen Dünkelberg seine Versuche anstellte, wird sich die unterbrochene Filtration überhaupt kaum jemals empfehlen.

Durch das Degenersche Kohlebreiverfahren wird bei sorgfältigem Betriebe eine Reinigung der Abwässer erzielt, die derjenigen an die Seite gestellt werden kann, welche man beim Berieselungsverfahren in der Praxis durchschnittlich erreicht.

In gröfseren Betrieben werden sich die Kosten, wenn wir die von Wiebe in Essen berechneten Zahlen zu Grunde legen, von deren Richtigkeit Herr Baurat Wiebe auch zur Zeit noch völlig überzeugt ist, kaum höher, ja sogar niedriger stellen, als bei gewissen Berieselungsanlagen. Die finanzielle Seite stellt sich aber bei dem Kohlebreiverfahren um so günstiger, je gröfser der Betrieb ist. Dieses Verfahren in kleineren Anlagen, z. B. Krankenhäusern, anzuwenden, halten wir geradezu für einen Fehler. Die Kosten der Abwasserreinigung erreichen in solchem Falle bis zu 30 Pf. pro cbm. Das bedeutet aber eine Vergeudung angesichts der Thatsache, dafs sich ein gleicher Reinigungsgrad für kaum den 15. Teil dieser Kosten erzielen läfst.

Neuerdings begegnet man vielfach dem Schlagwort, das Degenersche Kohlebreiverfahren sei das einzige Abwasserreinigungsverfahren, bei welchem die Schlammfrage eine wirklich zufriedenstellende Lösung gefunden hätte. Wir halten es für unsere Pflicht, dieser an eine Entstellung der Thatsachen grenzenden Übertreibung entschieden entgegenzutreten, nachdem wir gesehen haben, zu welchen verhängnisvollen Folgen derartige Ansichten gelegentlich führen können. Wenn z. B. behauptet wurde, auch bei dem Oxydationsverfahren ergäben sich erhebliche Schlammmengen, mithin dieselben Kalamitäten wie bei den chemisch-mechanischen Verfahren, so ist das angesichts der über diesen Punkt bereits veröffentlichten Daten als eine bodenlose Übertreibung zu bezeichnen.

Der Schlamm, welcher sich bei der Regenerierung der Oxydationskörper ergibt, ist nicht fäulnisfähig. Wir haben solche Schlammproben
in offenen und dicht geschlossenen Gefäßen seit mehr als Jahresfrist
aufbewahrt, ohne daß eine dieser Proben inzwischen auch nur den
leichtesten Fäulnisgeruch entwickelt hätte. Dieser Schlamm hat, wie
weiter unten noch näher dargelegt werden soll, die äußeren Eigenschaften einer Moorerde. Es handelt sich also um ein Produkt, das
mit den durch chemische Fällung erzielten Schlammarten gar nicht zu
vergleichen ist. Anderseits ergibt sich bei dem Oxydationsverfahren
nur ein sehr kleiner Bruchteil der Schlammmenge, welche bei dem
Degenerschen Kohlebreiverfahren erzeugt wird, und es würde dem
nichts im Wege stehen, nach Zusatz entsprechender Mengen brenn-
baren Materials, z. B. Braunkohle, diesen Schlamm ebenso zu verbrennen, wie es bei dem Degenerschen Verfahren geschieht. Das
Oxydationsverfahren würde sich selbst in solchem Falle noch weit
billiger stellen als das Kohlebreiverfahren.

Trotz der großen Anerkennung, die wir dem Kohlebreiverfahren
sowohl in Bezug auf seine wissenschaftliche, wie auch praktische Bedeutung rückhaltlos zollen, haben wir uns veranlaßt gesehen, die oben
dargelegten Verhältnisse klar zu stellen, um dazu beizutragen, daß
Mißgriffen, wie sie schon in einzelnen Fällen zu verzeichnen sind, in
Zukunft vorgebeugt wird.

Auf unsere eingangs ausgesprochene Ansicht zurückkommend,
möchten wir die Ergebnisse obiger Betrachtungen zusammenfassen wie
folgt: in solchen Fällen, wo die Aufsichtsbehörden sich vor der Hand
mit einer nur oberflächlichen Reinigung zufrieden erklären, in Zukunft
aber ein mehr durchgreifendes Verfahren fordern müssen, wo an Berieselung oder unterbrochene Filtration aber nicht zu denken ist, wird
sich unter Umständen, namentlich für gewisse Städte, das Degenersche Verfahren als ein von lokalen Verhältnissen gänzlich unab-
hängiges, durchgreifendes Reinigungsverfahren empfehlen.

Nicht selten aber dürfte der Fall eintreten, daß mit Rücksicht auf
die Kostenfrage allein das Oxydationsverfahren in Betracht kommen
könnte. Schon dieser Umstand würde hinreichen, die große Bedeutung des Oxydationsverfahrens für die Zukunft zu kennzeichnen.
Darüber hinaus beansprucht dieses Verfahren aber aus dem Grunde
noch besonderes Interesse, weil die ausgeführten Untersuchungen, wie
oben schon angedeutet wurde, immer mehr zu der Auffassung führen,
daß durch das Oxydationsverfahren eine durchgreifende Reinigung
bei relativ sehr geringen Kosten gewährleistet wird. Demnach wird
das Oxydationsverfahren nicht nur dort in Frage kommen, wo andere
Verfahren zur Beseitigung entstandener Kalamitäten nicht ausreichen,

sondern es wird von vornherein mit minderwertigen aber ebenso kostspieligen, bezw. noch kostspieligeren Verfahren in Konkurrenz treten können.

Seit November 1897 ist das Oxydationsverfahren in der Hamburger Klärversuchsanlage zur Reinigung von Abwässern fortgesetzt in Beobachtung gehalten worden. Über die Ergebnisse dieser Prüfung haben wir wiederholt Bericht erstattet. Originalarbeiten hierüber finden sich in den am Schlusse angeführten Zeitschriften. Der Inhalt dieser Originalarbeiten ist zum Teil fast vollständig auch in anderen Zeitschriften wiedergegeben worden, weil die betreffenden Redaktionen wünschten, auch ihren Leserkreis mit dem Inhalt dieser Berichte bekannt zu machen.

Trotzdem gelangen sehr häufig noch Anfragen betr. den Verlauf und die Ergebnisse der Versuche an uns, und da wir nicht im stande sind, den dadurch erwachsenden Anforderungen gerecht zu werden, so haben wir uns nunmehr nach Einholung der behördlichen Genehmigung entschlossen, die Ergebnisse unserer Versuche in einer Form zusammenzufassen, die sie jedermann zugänglich macht.

Obgleich es sich hier, wie schon erwähnt, in erster Linie um einen Bericht über die Thätigkeit des letzten Jahres handeln soll, so werden wir doch der Übersichtlichkeit halber manche schon früher bekannt gegebenen Beobachtungen wieder in den Bereich der Erörterungen zu ziehen haben.

Die Reinigung von Abwässern mittels des Oxydationsverfahrens spielt sich bekanntlich so ab, daſs die Schmutzwässer eingeleitet werden in ein mit Schlacke, Coke, Ziegelbrocken, Kies oder sonstigem geeigneten Material ausgefülltes Becken, welches als Oxydationskörper bezeichnet wird. Darin bleiben sie eine, bezw. mehrere Stunden, stehen, um dann in gereinigtem Zustande abgelassen zu werden. Nach der Entleerung bleibt der Oxydationskörper eine Reihe von Stunden leer stehen; darauf wiederholt sich derselbe Prozeſs.

Man hat sich daran gewöhnt, die Abwasserreinigung als einen äuſserst schwierigen und komplizierten Vorgang anzusehen. Angesichts der überraschenden Einfachheit des eben beschriebenen Verfahrens hat sich deshalb die Meinung gebildet, daſs es mit dem Oxydationsverfahren doch wohl noch seinen Haken haben müſste, und daſs sich früher oder später Kalamitäten noch zeigen würden. Anderseits scheint die Auffassung groſse Verbreitung gewonnen zu haben, als ob die Vorgänge, welche sich in dem Oxydationskörper abspielen, mit einem gewissen Geheimnis umgeben wären. Im Hinblick auf diese

uns wiederholt entgegengetretenen Bedenken legen wir besonderen
Wert darauf, darzuthun, dafs alle wesentlichen Vorgänge, die bei
diesem Reinigungsverfahren in Wirkung treten, ihren Grundzügen
nach nicht unbekannt sind. Bei dem Oxydationsverfahren werden
Naturkräfte, die seitens der Agrikulturchemie schon lange beobachtet
worden sind, und deren Wirkungsweise insbesondere auch durch den
kürzlich verstorbenen Ewald W o l l n y klargestellt worden ist, in syste-
matischer Weise zur Anwendung gebracht. Die Vorgänge, welche sich
in gewachsenem Boden, beeinflufst durch örtliche Verhältnisse hier
energisch, dort nur langsam abspielen, werden bei dem zu beschreibenden Verfahren auf Grund experimentell gewonnener Kenntnisse
in willkürlicher, d. h. von örtlichen Verhältnissen unabhängiger Weise
zur höchsten Entfaltung gebracht.

Wenn irgendwo, so mufs gerade bei der Prüfung solcher Verfahren, wie sie hier in Frage kommen, in einer Weise vorgegangen
werden, welche gestattet, einerseits einen vollen Überblick über alle
in Betracht kommenden Faktoren zu behalten, anderseits erlaubt, die
Versuchsanordnung Punkt für Punkt zu variieren. Nur so lassen
sich die einzelnen, wichtigen Fragen zu einer sicheren Entscheidung
bringen.

Diesen Anforderungen vermag man naturgemäfs in gröfseren, von
vornherein für den praktischen Betrieb bestimmten Anlagen nicht zu
genügen. Wir betrachten deshalb Versuche, wie sie uns durch die
Schaffung der Hamburger Klärversuchsanlage ermöglicht wurden, als
eine unentbehrliche Voraussetzung für das genaue Studium von Abwasserreinigungsmethoden, insbesondere von Methoden wie das Oxydationsverfahren. Dafs die in solchen Anlagen festgestellten Thatsachen einer Nachprüfung im praktischen Betriebe bedürfen, ist
selbstverständlich.

Im Gegensatz zu der hier vertretenen Auffassung findet sich in
der Litteratur wiederholt die Behauptung, dafs eine umfassende
Prüfung von Abwasserreinigungsmethoden nur in grofsem Mafsstabe
und im praktischen Betriebe ausführbar sei. Wir geben gerne zu,
dafs die Ergebnisse von Versuchen, die in Flaschen oder ähnlichen
kleinen Behältern ausgeführt wurden, häufig, und zwar namentlich
dann zu Irrtümern Anlafs gegeben haben, wenn von ihnen aus
Schlüsse direkt auf die Grofspraxis gezogen wurden. Es ist aber als
eine bedenkliche und fehlerhafte Verallgemeinerung zu bezeichnen,
wenn neuerdings gewisse Referenten solche anerkannten Thatsachen
so deuten, als ob auch Versuche, wie sie von uns in einer Anlage
ausgeführt wurden, wo mit vielen Kubikmetern Abwasser operiert
wurde, im Vergleich zu den in England in rein empirischer Weise
ausgeführten Untersuchungen an Bedeutung weit zurückständen.

Die Erfahrung hat gezeigt, daſs bei rein empirischem Vorgehen einerseits Miſsgriffe unvermeidbar sind, welche sich sehr kostspielig erweisen, und daſs sich anderseits ein klarer Überblick über die ganzen Vorgänge, die bei dem geprüften Verfahren in Frage kommen, gar nicht gewinnen läſst. Wir weisen nur darauf hin, daſs man in England nach fünfjährigem Experimentieren noch allgemein der Auffassung war, als ob eine Regenerierung der Oxydationskörper entweder gar nicht nötig, oder falls erforderlich, durch Ruhepausen sich würde erreichen lassen. Bei Konstruktion vieler englischer Anlagen ist man von dieser Ansicht ausgegangen. Erst durch das Experiment lieſs sich erweisen, daſs eine mechanische Entfernung des gebildeten Schlammes unumgänglich notwendig ist. Noch manche anderen, grundlegenden Fragen, von denen weiter unten die Rede sein wird, entzogen sich der Beobachtung bei den englischen Anlagen vollständig und konnten erst mittels Experiments eine sichere Beantwortung finden. Wenn diese Thatsache auch verschiedenen Referenten unserer deutschen Fachzeitschriften entgangen ist, so haben wir doch die Genugthuung, daſs die Erbauer, bezw. Betriebsleiter gröſserer, ausländischer Anlagen in freimütigster Weise erklärten, daſs ihnen erst durch die Hamburger Versuche das volle Verständnis für den Reinigungsprozeſs gekommen sei, und daſs erst diese Versuche die notwendigen Unterlagen für die praktische Betriebsanordnung geliefert hätten. Wir führen dieses hier an zur Begründung der Thatsache, daſs wir es für angezeigt halten, in unserer viel kritisierten Eppendorfer Anlage an dem weiteren Ausbau unserer Kenntnisse über das Oxydationsverfahren beharrlich weiter zu arbeiten.

Der Frage über die Beurteilung des anzustrebenden, bezw. erzielten Reinigungseffektes ist im Kapitel II ein längerer Abschnitt gewidmet, weil auf diesem Gebiete die Meinungen zur Zeit so weit auseinandergehen, die angewendeten Untersuchungsmethoden so verschiedenartige sind, daſs man die Ergebnisse der Prüfung ein und desselben Verfahrens kaum zu vergleichen vermag, sobald die Prüfung durch verschiedene Beobachter erfolgte. Aus diesem Grunde haben sich Herr Dr. O. Korn und Herr Dr. H. Grosse-Bohle bereit erklärt, die Prüfungsmethoden, wie sie in unserer Klärversuchsanlage zur Anwendung kommen, in Anlehnung an unsere Instruktionen einer eingehenden Beschreibung zu unterziehen, welche gleichzeitig mit diesem Berichte veröffentlicht werden wird.

Kapitel II.
Beurteilung des Reinigungseffektes.

————

Bei der Beurteilung des Erfolges, den man bei der Abwasserreinigung erzielt, darf das Aussehen, d. h. die Farbe und Klarheit des gewonnenen Produktes, nicht immer als maßgebend angesehen werden. Bei den chemisch-mechanischen Reinigungsverfahren hat sich in der Praxis hinreichend gezeigt, daß ein anfänglich ganz klares und annähernd farbloses Reinigungsprodukt unter Umständen später der stinkenden Fäulnis anheimzufallen und zur Bildung erheblicher Niederschläge in den öffentlichen Gewässern Anlaß zu geben vermag. Die nach dieser Richtung gemachten, schlechten Erfahrungen mögen viel mit dazu beigetragen haben, daß man neuerdings, bei Beurteilung des erzielten Erfolges, der äußeren Beschaffenheit, bezw. den grobsinnlich wahrnehmbaren Eigenschaften des Reinigungsproduktes auch in solchem Falle oft gar zu wenig Bedeutung beimißt, wo sie uns höchst zuverlässige Anhaltspunkte bieten könnte, dagegen fast ausschließlich Wert legt auf die Ergebnisse der chemischen Untersuchung.

Sofern die Reinigung der Abwässer durch künstliche Fällungsmethoden, namentlich durch solche Fällungsmittel erfolgt ist, welche das Bakterienleben beeinträchtigen, entbehrt diese Entwicklung der Dinge nicht einer gewissen Berechtigung; denn die Zersetzung der in den Reinigungsprodukten noch enthaltenen, gelösten, fäulnisfähigen Substanzen kann oft tagelang hintangehalten werden durch die in Lösung übergegangenen Chemikalien, welche unter Umständen die Vermehrung der Mikroorganismen und damit die Zersetzung der gelösten organischen Stoffe verhindern. Erst nach Vermischung solcher Reinigungsprodukte mit reinem Wasser und durch die dadurch bewirkte Verdünnung, bezw. Ausfällung der Chemikalien, wird die Zersetzungsfähigkeit solcher Produkte für unsere Sinne offenkundig.

Nicht dieselbe Berechtigung hat die fast vollständige Vernachlässigung einer Prüfung der äufseren Eigenschaften des Reinigungsproduktes im Vergleich zu der chemischen Analyse, sobald es sich um biologische Reinigungsmethoden handelt. Bei den biologischen Methoden werden Mittel, welche die nachträgliche Zersetzung der in den Reinigungsprodukten noch enthaltenen fäulnisfähigen Stoffe beeinträchtigen könnten, nicht verwendet. Sofern die erzielten Produkte überhaupt noch fäulnisfähig sind, macht sich dieser Umstand schon sehr bald durch die Entwicklung von Schwefelwasserstoff geltend. Bewahrt man Proben des Reinigungsproduktes bei geeignet hohen Temperaturen auf, so tritt die stinkende Fäulnis schon sehr schnell ein, und die dadurch hervortretenden Erscheinungen, insbesondere der Geruch des gebildeten Schwefelwasserstoffs, stellen ein Reagens von solcher Schärfe dar, dafs es von irgend welchen zur Zeit bekannten, chemischen Untersuchungsmethoden nicht übertroffen wird.

Bekanntlich erblickt man neuerdings fast allgemein in der Bestimmung des Gehaltes an organischem Stickstoff das beste Mittel, um die Frage über die Fäulnisfähigkeit des durch Abwasserreinigungsmethoden erzielten Produktes zu entscheiden. Die Ansicht ist vielfach hervorgetreten und herrscht, wie wir glauben, auch in sehr verbreitetem Mafse, als ob man nach dem Ergebnis der Bestimmung des organischen Stickstoffs, d. h. aus der absoluten Menge des gefundenen organischen Stickstoffs einen Rückschlufs auf die Fäulnisfähigkeit des zu beurteilenden Produktes zu ziehen vermöchte. Eine solche Auffassung ist aber durchaus irrig. Wir möchten das an der Hand einiger Beispiele aus unseren Beobachtungen begründen.

Gewisse Abwässer, die nach unseren Untersuchungen ursprünglich 78,4 mg organischen Stickstoffs im Liter enthielten, hatten ihre Fäulnisfähigkeit völlig verloren, nachdem ihr Gehalt an organischem Stickstoff durch das Oxydationsverfahren auf 31,36 mg im Liter reduziert worden war. Andere Abwässer waren mit einem Gehalt an organischem Stickstoff von 29,9 mg im Liter der stinkenden Fäulnis in intensivstem Mafse zugänglich, sie hatten ihre Fäulnisfähigkeit völlig verloren, nachdem ihr Gehalt an organischem Stickstoff auf 9,7 mg im Liter herabgesetzt worden war. Eine dritte Probe Abwasser verfiel mit einem Gehalt von 9 mg organischen Stickstoffs im Liter der stinkenden Fäulnis, hatte aber ihre Fäulnisfähigkeit verloren, nachdem ihr Gehalt an organischem Stickstoff auf 3,4 mg im Liter herabgesetzt worden war. Wir sehen also in Bestätigung des vorhin Gesagten, dafs Angaben über den absoluten Gehalt der Abwässer an organischem Stickstoff an und für sich keinerlei Rückschlüsse auf die Fäulnisfähigkeit des Abwassers gestatten. Nur aus den relativen Zahlen,

d. h. aus der Herabsetzung des Gehaltes an organischem Stickstoff, in Prozenten ausgedrückt, vermag man ein Urteil zu gewinnen. Mit diesem Nachweis fällt aber der Hauptvorzug weg, den man der umständlichen Bestimmung des organischen Stickstoffs vor anderen Untersuchungsmethoden beilegt.

Nach gewissen, in der Litteratur enthaltenen Angaben muß man annehmen, daß die Auffassung zur Zeit noch sehr verbreitet ist, als ob bei den biologischen Reinigungsverfahren immer ein gewisser Prozentsatz der fäulnisfähigen Substanzen in unveränderter Form durch die Rieselfelder, bezw. Filter, bezw. Oxydationskörper, hindurchginge. Solche Auffassungsweise halten wir für durchaus fehlerhaft. Der Vorgang bei den biologischen Reinigungsverfahren ist nicht etwa so aufzufassen, als ob ein gewisser Prozentsatz der fäulnisfähigen Substanzen zürückgehalten, d. h. aus den Abwässern ausgeschieden würde, ein anderer Teil aber in unveränderter Form die Oxydationskörper passierte. Er ist vielmehr folgendermaßen zu erklären. Wenn in dem Rohwasser 100 mg organischen Stickstoffs enthalten sind, in dem Reinigungsprodukt dagegen nur 25 mg, so haben nicht etwa 75, sondern sämtliche 100 Moleküle der ursprünglich vorhanden gewesenen stickstoffhaltigen Verbindungen eine Veränderung erlitten. Nur die Abbauprodukte dieser Substanzen verlassen die Reinigungsanlage. Diese nicht mehr fäulnisfähigen Abbauprodukte repräsentieren in dem eben angeführten Beispiel 25 mg organischen Stickstoff, jedoch in veränderter und, wie wir glauben annehmen zu dürfen, in harmloser Form.

In der uns zugänglichen Litteratur haben wir die in Frage kommenden Vorgänge noch nicht von diesem Gesichtspunkte aus beleuchtet gefunden. Die weiter unten mitgeteilten Untersuchungsergebnisse lassen sich aber kaum anders erklären.

Durch die Bestimmung des organischen Stickstoffs erreicht man also nicht das, was man von dieser Methode eigentlich erhoffte, nämlich ein Urteil über die Fäulnisfähigkeit auf Grund der in den Reinigungsprodukten analytisch gefundenen absoluten Zahlen. Damit wird aber, wie gesagt, der dieser Untersuchungsmethode nachgerühmte Hauptvorzug hinfällig, und es wird fraglich, ob dieser relativ umständlichen Methode der Vorzug vor anderen einfacheren zu geben sei, wie es neuerdings geschieht. Es kommt hinzu, daß der gefundene Gehalt an organischem Stickstoff, in Milligrammen ausgedrückt, in der Regel ein sehr geringer ist, und daß kleine, der Methode anhaftende Ungenauigkeiten bei der prozentualen Berechnung leicht Differenzen bis zu 100 % und mehr ergeben können. Wir stehen nicht an, zu erklären, daß die Gefahr derartiger Fehler bei Anwendung dieser Methode eine weit gröfsere ist, als man nach den Litteraturangaben annehmen sollte. Selbst in den Händen sonst gut vorgebildeter und gewissenhafter Chemiker versagt diese Untersuchungsmethode häufig, insbesondere bei geringem Gehalt an organischem Stickstoff, wo andere Untersuchungsmethoden zu verwertbaren Resultaten führen.

Der Bestimmung des Albuminoidammoniaks haften die eben erwähnten Nachteile in noch höherem Mafse an, als der Bestimmung des organischen Stickstoffs. Dasselbe gilt für die Bestimmung anderer organischer Stoffe, aus deren absoluten Werten man hoffte, die Fäulnisfähigkeit der Reinigungsprodukte erkennen zu können. Diese Frage wird demnächst durch Herrn Dr. Otto Korn einer besonderen Erörterung unterzogen werden.

Der Bestimmung der Oxydierbarkeit wird in der neueren Litteratur aus theoretischen Gründen weit weniger Wert beigemessen, als den oben angeführten Untersuchungsmethoden. Allgemein wird hervorgehoben, dafs neben den fäulnisfähigen, organischen Substanzen auch unorganische Stoffe das Ergebnis beeinflussen, wie Ferrosalze, Nitrite und Schwefelverbindungen. Ferner wird darauf hingewiesen, dafs gewisse organische Substanzen verhältnismäfsig weit mehr Kaliumpermanganat zersetzen als gleiche Mengen anderer organischer Stoffe, dafs schliefslich gewisse, bei den Abwässern sehr wichtige Stoffe, z. B. Harnstoff, Kaliumpermanganat fast gar nicht angreifen. Endlich wird hervorgehoben, dafs die bei Bestimmung der Oxydierbarkeit in Schmutzwässern vorzunehmende, sehr starke Verdünnung, das ohnehin schon sehr unsichere Ergebnis der Untersuchungsmethode bei der Berechnung fast völlig wertlos gestalte.

Seit mehreren Jahren haben wir vergleichende Untersuchungen über den Wert der Bestimmung des organischen Stickstoffs, des Albuminoid-Ammoniaks, der Oxydierbarkeit, sowie auch des Glühverlustes des Abdampfrückstandes angestellt. Dabei haben wir in zunehmendem Mafse die Überzeugung gewonnen, dafs die Bestimmung der Oxydierbarkeit weit brauchbarere Anhaltspunkte für die Beurteilung des Schmutzgehaltes der Abwässer bietet, als man nach den eben angeführten Bedenken erwarten sollte.

Bei Anwendung der Kubelschen Methode zur Bestimmung der Oxydierbarkeit werden die Nitrite und Sulfide ausgeschieden; sie beeinflussen also das Resultat nicht nachteilig. Mit Eisenverbindungen hat man in normalen städtischen Abwässern, d. h. in Abwässern, welche vorwiegend den Charakter häuslicher Schmutzwässer haben, in einem so geringen Mafse zu rechnen, dafs ihre Anwesenheit das Endergebnis kaum verändert. Die für Ammoniak in Frage kommende Korrektion ist in der Regel so gering, dafs sie das Endresultat kaum nennenswert beeinflufst.

Wir hätten uns also nur noch mit der Thatsache abzufinden, daſs gewisse organische Verbindungen relativ weit weniger Kaliumpermanganat zersetzen als andere, daſs wir durch Anwendung der Oxydierbarkeitsbestimmung keinen Aufschluſs über die Natur der im Schmutzwasser enthaltenen organischen Stoffe erhalten und über deren absolute Werte, und daſs wir schlieſslich nicht in der Lage sind, nach dem gefundenen absoluten Verbrauch an Kaliumpermanganat zu sagen, ob das betreffende Abwasser fäulnisfähig sei oder nicht. Alle diese Mängel haften, wie oben erwähnt, auch sämtlichen anderen Untersuchungsmethoden an. Bei gewissen Arten von Abwässern hat die Oxydierbarkeitsbestimmung vor der Bestimmung des organischen Stickstoffs sogar den Vorzug, daſs sie auch auf die Anwesenheit stickstofffreier, der stinkenden Fäulnis zugänglicher Verbindungen hinweist. Dieses Moment kommt ganz besonders bei den Abwässern von Rübenzuckerfabriken und ähnlichen industriellen Anlagen zur Geltung.

Sehen wir nun von weiteren theoretischen Erörterungen ab, und fassen wir unsere in der Praxis gesammelten Erfahrungen zusammen, so zeigt sich, daſs bei Anwendung des biologischen Reinigungsverfahrens der Gehalt der Abwässer an organischem Stickstoff, an Albuminoidammoniak, sowie der Glühverlust des Abdampfrückstandes, fast durchweg in einem Maſse herabgesetzt wird, welches sich mit der Herabsetzung der Oxydierbarkeit in ganz überraschender Weise deckt. Wir wiesen weiter oben schon darauf hin, daſs nicht die absoluten, sondern erst die relativen Werte, d. h. der Gehalt der gereinigten Abflüsse an den betreffenden Substanzen, in Vergleich gesetzt zu deren Mengen im unbehandelten Abwasser, uns den nötigen Einblick in die etwa vorhandene Fäulnisfähigkeit gewährt. Wenn nun aber diese Herabsetzung, sofern es sich um biologische Reinigungsmethoden und um normale städtische Abwässer handelt, ganz parallel läuft mit der Herabsetzung der Oxydierbarkeit, so vermögen wir nicht einzusehen, weshalb man nicht der Oxydierbarkeitsbestimmung den Vorzug geben sollte. Die Ausführung dieser Methode ist ganz bedeutend einfacher, ein Moment, das für die praktische Kontrolle der Reinigungsanlage von nicht zu unterschätzender Bedeutung ist. Ferner sind die erhaltenen Werte höher. Bei der prozentualen Berechnung setzt man sich deshalb falschen Schluſsfolgerungen in weit geringerem Maſse aus, als bei Verrechnung der Herabsetzung des Gehaltes an organischem Stickstoff, namentlich aber des Gehaltes an Albuminoidammoniak.

In der nachstehenden Tabelle haben wir eine Übersicht über einige einschlägige Befunde gebracht; wir bemerken hierzu, daſs der Stickstoff vergleichsweise nach Ulsch, Wilfarth, Arnold, Gunning

und Jodlbaur bestimmt wurde. Auf Grund der erzielten Ergebnisse
wurden dann die Methoden nach Jodlbaur und Ulsch einer
näheren vergleichenden Prüfung unterzogen.[1]) Die erhaltenen Resultate bestimmten uns, der Ulschschen Methode den Vorzug zu
geben.

Die in der nachstehenden Tabelle enthaltenen Angaben über die
Oxydierbarkeit sind nach der Kubelschen Methode gewonnen. Die
Tabelle bringt auch vergleichende Angaben über die bei denselben
Abwasserproben beobachteten Glühverluste. Die Bestimmung des Glühverlustes wird, wenn man nach der Litteratur urteilt, zur Zeit ziemlich
allgemein als fast völlig unbrauchbar angesehen, in der Praxis wird
ihr aber, so weit wir nach unseren persönlichen Beobachtungen urteilen
können, an vielen Stellen noch eine grofse Bedeutung beigemessen.

Tabelle 1.

	Vergleichende Übersicht über die Herabsetzung			
	der Oxy-dierbarkeit	des organischen Stickstoffs	des Albu-minoid-Ammoniaks	des Glüh-verlustes
	ausgedrückt in Prozenten			
Versuch B	75,2	75,3	71,2	
Versuch D	76,4	74,7	77,6	68,3
Lederfabrikabwässer . . .	70,9	73,7	68,3	
Zuckerfabrikabwässer . . .	61,2	58,9	57,3	54,9
Bierbrauereiabwässer, frisch.	68,5	67,8	62,8	60,2
Bierbrauereiabwässer, faul .	73,5	72,2	68,3	51,8

Diese Tabelle zeigt bei den vier verschiedenen, geprüften Methoden
eine Übereinstimmung der für die Beurteilung des Reinigungseffektes
in erster Linie verwertbaren Zahlen, wie man sie von vornherein nicht
erwarten konnte, wenn man berücksichtigt, dafs es sich hier um die
Reinigung von Abwässern gänzlich verschiedener Zusammensetzung
handelt. Die in dieser Tabelle eingetragenen Ergebnisse kehrten bei
Hunderten von Versuchen in so eindeutiger Weise wieder, dafs wir
nicht anstehen zu behaupten, dafs von den in Frage stehenden vier
Untersuchungsmethoden jede einzelne verwertbar ist zur Beurteilung
der Fäulnisfähigkeit des Reinigungsproduktes, welches man bei Anwendung biologischer Reinigungsmethoden bei häuslichen Abwässern,

---

[1]) Hieran beteiligten sich die Herren Dr. H. Noll, A. Vofs und
Dr. H. Grosse-Bohle.

bezw. bei andern Abwässern erzielt hat, in welchen ähnliche Schmutzstoffe überwiegen.

Diese Gleichschätzung der Ergebnisse kann aber nur dort gelten,
wo die Untersuchungen durch erfahrene Berufschemiker ausgeführt
werden, die namentlich auch mit dem in Rede stehenden Gebiet völlig
vertraut sind. Nicht immer aber lassen diese Vorbedingungen sich
erfüllen. Unsere Beobachtungen haben uns davon überzeugt, daß die
Einfachheit der Untersuchungsmethode, bei sonst annähernd überein-
stimmendem Werte derselben, in der Praxis immer die größte Gewähr
für richtige Endresultate bietet. Nach dieser Richtung verdient aber
die Bestimmung der Oxydierbarkeit bei weitem den Vorzug vor
allen andern in Frage kommenden Untersuchungsmethoden. Nach
unsern Erfahrungen steht es außerdem, wie gesagt, außer Frage, daß
die damit erhaltenen Resultate für praktische Verhältnisse gleich wert-
voll sind, wie diejenigen anderer Methoden.

Im Anschluß hieran möchten wir hervorheben, daß man nach
unseren Erfahrungen unter den eben angeführten Voraussetzungen,
d. h. sofern es sich um die Reinigung normaler städtischer Abwässer
mittels biologischer Verfahren handelt, darauf rechnen darf, daß das
erzielte Reinigungsprodukt der stinkenden Fäulnis
nicht mehr zugänglich ist, sofern eine Herabsetzung
der Oxydierbarkeit, des organischen Stickstoffs, bezw.
Albuminoidammoniaks oder des Glühverlustes des Abdampfrückstandes um etwa 60 bis 65 % oder mehr erreicht
wird.

Auf Grund obiger Darlegungen und im Hinblick auf die Thatsache, daß die Bestimmung der Oxydierbarkeit die einfachste Untersuchungsmethode darstellt, erachten wir die Oxydierbarkeitsbestimmung
als die für die praktische Kontrolle von biologischen Abwasserreinigungsanlagen brauchbarste. Daß es sich empfehlen wird, gelegentlich,
namentlich zum Vergleich, auch diese oder jene andere der oben
besprochenen Methoden heranzuziehen, wollen auch wir nicht bestreiten.

Fassen wir das Resultat obiger Erörterungen über die Beurteilung
des durch biologische Reinigungsanlagen erzielten Reinigungseffektes
kurz zusammen, so kommen wir zu folgenden Schlüssen:

Bei der Beurteilung des Reinigungseffektes, den man durch biologische Verfahren, bezw. durch andere Reinigungsverfahren erzielt,
bei denen ein Zusatz bakterienwidriger Substanzen nicht stattgefunden
hat, wird man, sofern es sich um die Reinigung häuslicher, bezw.
städtischer Abwässer handelt, bei denen der Charakter der häuslichen
Abwässer überwiegt, bezw. industrieller Abwässer, bei welchen die
Übelstände beseitigt werden sollen, welche sich aus ihrer Fäulnis-

fähigkeit ergeben, in der Regel zu einem genügend sicheren Urteil gelangen, wenn man feststellt, ob:

1. die ungelösten Schmutzstoffe ganz, bezw. bis auf einige Prozente, entfernt sind;

2. das Reinigungsprodukt bei etwa einwöchentlichem Stehen in geschlossenen Flaschen bei einer Temperatur von etwa 20° C. einen fauligen Geruch, bezw. einen Geruch nach Schwefelwasserstoff, nicht annimmt. (Event. wäre durch Bleipapier auf Schwefelwasserstoff zu prüfen);

3. die Oxydierbarkeit, verglichen mit dem filtrierten Rohwasser, bestimmt nach Kubel, um etwa 60 bis 65% oder mehr herabgesetzt ist;

4. Fische in dem unverdünnten Reinigungsprodukt nicht zu Grunde gehen.

Ein Wasser, welches allen diesen Anforderungen genügt, wird selbst bei den ungünstigsten Vorflutverhältnissen zu grobsinnlich wahrnehmbaren Mißständen nicht Anlaß geben. Die Frage, ob die Einleitung eines solchen Produktes unter Umständen das Wasser der Vorfluter für Trinkwasser ungeeignet machen könnte, bleibt hierdurch unberührt. Es ist bekanntlich eine zur Zeit anerkannte hygienische Forderung, daß die öffentlichen Gewässer bewohnter Gegenden zu Trink- und häuslichen Zwecken nicht Verwendung finden sollten, ohne einer vorherigen, zweckentsprechenden Behandlung unterzogen zu sein. Auch bleibt die Frage, ob die Schmutzwässer vor Einleitung in die öffentlichen Gewässer von entwicklungsfähigen, pathogenen Mikroorganismen zu befreien seien, hierdurch unberührt.

Anknüpfend an diese letzte Frage wollen wir aber nicht verfehlen, auf folgendes hinzuweisen. Die Desinfektion von Abwässern gestaltet sich nach vorheriger Reinigung derselben weit billiger. Das gilt natürlich allgemein gegeben nur für Verhältnisse, wo beides, sowohl die Reinigung, als auch die Desinfektion, fortgesetzt, d. h. jahrein, jahraus zu fordern ist. Muß aber die Desinfektion nur gelegentlich, etwa nach Ausbruch einer Epidemie, erfolgen, dann erweist es sich häufig — wir glauben sogar in der Regel — billiger, die ungereinigten Abwässer zu desinfizieren, als für solche Zwecke kostspielige Einrichtungen zu bauen, die lange Zeit hindurch unbenutzt liegen würden.

Für solche Fälle, wo die Abwässer ununterbrochen gereinigt werden müssen, die Desinfektion aber für Epidemiezeiten vorbehalten bleibt, sind neuerdings höchst zweckentsprechende Vorrichtungen ersonnen, welche geeignet scheinen, diese schwierige Aufgabe ohne erhebliche Unkosten in der baulichen Anlage zu lösen. Insbesondere hat eine sinnreiche Konstruktion von Mairich-Gotha uns gefallen.

Kapitel III.

Klassifizierung des Oxydationsverfahrens.

Das Oxydationsverfahren gehört zu den sogenannten biologischen Abwasserreinigungsmethoden, d. h. zu denjenigen Verfahren, bei denen man auf die Mitwirkung von Lebewesen an der Zersetzung der Schmutzstoffe zu rechnen hat. Zu den biologischen Reinigungsverfahren sind zu rechnen: Das Berieselungsverfahren, die intermittierende Filtration, das Oxydationsverfahren und das Faulverfahren. Alle diese Verfahren leiten sich ab von dem zuerst genannten, allgemein bekannten Berieselungsverfahren. Die intermittierende Filtration unterscheidet sich von dem Berieselungsverfahren nur dadurch, dafs bei ihr die Reinigung der Abwässer in den Vordergrund gestellt, die Kultur höherer Pflanzen dagegen als Nebensache betrachtet wird, eventuell ganz fortfällt. Weil die quantitative Leistungsfähigkeit der Berieselungsmethode durch die Rücksichtnahme auf das Gedeihen der Kulturpflanzen sehr erheblich beeinträchtigt wird, so bedeutet die bei der unterbrochenen Filtration zum Ausdruck kommende Hintansetzung solcher Rücksichtnahme in quantitativer Beziehung einen grofsen Gewinn. Die Kultur höherer Pflanzen wird bei dem Berieselungsverfahren zwar in der Regel auch als Nebenzweck hingestellt. Praktisch gestaltet sie sich aber häufig zum Hauptzweck, d. h. es werden die Bedürfnisse der Pflanzen in erster Linie berücksichtigt, und die Gewinnung einer möglichst hohen Ernte auf Kosten der Reinigung des Abwassers angestrebt.

Sowohl das Berieselungsverfahren, wie auch die unterbrochene Filtration bedienen sich des natürlich gewachsenen Bodens, der in geeigneter Weise planiert und mit einem Drainsystem versehen wird. Sie sind abhängig von lokalen Verhältnissen. Das Oxydationsverfahren unterscheidet sich von der intermittierenden Filtration in erster Linie dadurch, dafs es uns von örtlichen Verhältnissen gänzlich unabhängig macht. Das Verfahren ist überall durchführbar. Die lokalen Verhältnisse haben bei diesem Verfahren nur einen Einfluß auf die Kosten der baulichen Anlage. Diese Thatsache erklärt sich daraus, daß man nicht den gewachsenen Boden heranzieht, wie er sich an dem betreffenden Orte gerade darbietet, sondern daß man zum Aufbau der Oxydationskörper, welche an Stelle der intermittierenden Filter treten, Material von möglichst günstiger Zusammensetzung auswählt, eventuell künstlich herstellt. Letzteres wird ermöglicht durch die im Vergleich zur Berieselung und zur intermittierenden Filtration außerordentlich geringen Dimensionen, welche die Oxydationskörper verlangen. Ähnlich verhält es sich mit dem Faulverfahren.

Man könnte hiernach die biologischen Verfahren in zwei Hauptgruppen einteilen, nämlich in die Gruppe der natürlichen biologischen Verfahren und die Gruppe der künstlichen biologischen Verfahren. Zur ersteren Gruppe gehört die Berieselung und die intermittierende Filtration, zur letzteren das Oxydationsverfahren und das noch zu beschreibende Faulverfahren.

Die Poren desjenigen Materials, welches sich für den Oxydationsprozeß am besten eignet, sind so groß, daß das eingeleitete Abwasser nicht, wie im natürlich gewachsenen Boden, längere Zeit in Suspension bleibt, sondern sofort bis zur nächsten wasserundurchlässigen Schicht hinabrieselt. Deshalb können solche Oxydationsanlagen nicht in freiem Gelände hergestellt werden, falls dieses nicht wasserundurchlässig ist. In Lehmboden wird man zwar gelegentlich den Oxydationskörper in einer einfach ausgehobenen Grube herstellen können. In wasserdurchlässigem Boden dagegen wird die Herstellung ausgemauerter Gruben nicht zu umgehen sein.

Das schon erwähnte Faulverfahren unterscheidet sich von dem Oxydationsverfahren, bezw. von der unterbrochenen Filtration, nur dadurch, daß die Abwässer den Filtern, bezw. den Oxydationskörpern, nicht in frischem Zustande, sondern in vorgefaultem Zustande zugeführt werden.

In der Bezeichnung »biologisches Verfahren« kommt nur einer von mehreren Faktoren zum Ausdruck, welche bei diesen Verfahren wirksam sind, nämlich die Thätigkeit niederer und höherer pflanzlicher bezw. tierischer Lebewesen. Diese treten aber, sofern wir das Faulverfahren zunächst außer Betracht lassen, erst in Funktion, nachdem andere ebenso wirksame Kräfte zur Entfaltung gekommen sind, und zwar in erster Linie die mechanische Filtration, sowie gewisse Absorptionskräfte.

Nach dem derzeitigen Stande unserer Kenntnisse vermögen wir gewisse, insbesondere städtische Abwässer, nur durch solche Reinigungsmethoden von ihrer Fäulnisfähigkeit zu befreien, bei denen Absorp-

tionskräfte wirksam sind. Letzteres ist aufser bei den erwähnten
biologischen Verfahren auch bei dem Degenerschen Kohlebreiverfahren der Fall.

Eine künstliche Befreiung der Abwässer von ihrer Fäulnisfähigkeit würde ohne Mitwirkung der Absorptionskräfte nur durch das
völlige Ausfaulen möglich sein, einen Prozefs, der für die Grofspraxis
vor der Hand nicht in Frage kommen kann. Dafs zu den biologischen
Verfahren auch noch die sogenannte Selbstreinigung in den Flüssen
zu zählen wäre, sei nur der Vollständigkeit halber angeführt.

Alle Abwasserreinigungsmethoden, bei denen Absorptionswirkungen
nicht in Geltung treten, können nur dazu dienen, die Abwässer von
ihren ungelösten Schmutzstoffen zu befreien, d. h. sie im günstigsten
Falle zu klären. Insbesondere vermag man, wie eingangs schon erwähnt wurde, durch die bekannten Fällungsmethoden mittels Kalk,
schwefelsaurer Thonerde etc., eine Herabsetzung des Gehaltes der
Abwässer an gelösten, fäulnisfähigen Stoffen nur in verhältnismäfsig
geringem Mafse zu erzielen. Eisensalze dagegen entfalten bei zweck-
mäfsiger Anwendungsweise nicht unbeträchtliche Absorptionswirkungen.

Die biologischen Reinigungsmethoden verfolgen in der Regel ein
höheres Ziel als die chemisch-mechanischen Fällungsmethoden.

Die Berieselungsmethode ist nur in einem wasserdurchlässigen
Boden anwendbar, der sich trocken legen läfst. In Marschgegenden,
namentlich in Geländen, wo das Grundwasser bis nahe der Oberfläche
ansteht, ist es häufig schwierig, bezw. unmöglich, ein zur Berieselung
geeignetes Terrain zu finden. Für die unterbrochene Filtration gilt
dasselbe. Beide sind für viele Städte aus lokalen Gründen nicht ausführbar. Das Oxydationsverfahren ist aber, wie schon gesagt, überall
anwendbar. Dasselbe erscheint deshalb, wie wir schon wiederholt betont haben, berufen, eine Lücke auszufüllen, die sich bis vor kurzem
in wachsendem Mafse fühlbar machte. Darüber hinaus gewinnt aber
das Oxydationsverfahren, wie schon dargelegt wurde, an Bedeutung
durch die Thatsache, dafs die bisherigen Prüfungen desselben nicht
allein in Bezug auf den erzielten Reinigungseffekt, sondern namentlich
auch in betreff des Kostenpunktes dermafsen günstig ausgefallen sind,
dafs man im Begriffe steht, dieses Verfahren auch für Städte einzuführen, welche bislang die Abwasserreinigung durch chemisch-mecha-
nische Klärung bewirkten und zwar nicht etwa ausschliefslich, weil
die hierdurch erzielten Reinigungseffekte den gestellten Anforderungen
im gegebenen Falle nicht genügt hätten, sondern teilweise auch aus
dem Grunde, weil man den Eindruck gewonnen hatte, dafs das
Oxydationsverfahren sich sogar billiger stellte, als die minderwertigen
chemisch-mechanischen Fällungsmethoden.

Kapitel IV.

Absorptions- und Zersetzungsvorgänge im Oxydationskörper.

Die Bezeichnung »Oxydationsverfahren« ist vielfach so verstanden worden, als ob es sich hier um ein Abwasserreinigungsverfahren handelte, bei dem die gereinigten Abflüsse gewisse Oxydationsprodukte enthielten, die in den unbehandelten Abwässern fehlten, z. B. Salpetersäure. Das Auftreten von Salpetersäure in den gereinigten Abwässern, bezw. die Menge der gebildeten Säure, werden zur Zeit anscheinend in weiteren Kreisen geradezu als ein Gradmesser für den erzielten Reinigungserfolg betrachtet. Zu dieser scheinbar besonders in technischen Kreisen sehr verbreiteten Auffassung mögen die zahlreichen, größtenteils von Laien stammenden litterarischen Erzeugnisse über die biologischen Reinigungsverfahren Anlaß gegeben haben, welche seit einigen Jahren in den verschiedensten Zeitschriften Verbreitung finden.

Gewisse Anhaltspunkte für die Beurteilung der Vorgänge in den biologischen Reinigungsanlagen bietet uns freilich das Auftreten von Salpetersäure in ihren Abflüssen, als Gradmesser für den Reinigungserfolg ist es aber nicht, bezw. nur in untergeordnetem Maße zu verwerten.

Der Name »Oxydationsverfahren« soll nicht besagen, daß in den Abflüssen der betr. Reinigungsanlage Salpetersäure oder andere Oxydationsprodukte nachweisbar sein müssen, sondern er soll hervorheben, daß bei den in der Reinigungsanlage sich abspielenden Zersetzungsvorgängen den Schmutzstoffen Sauerstoff so frühzeitig und in solcher Menge zugeführt wird, daß die Entstehung stinkender Fäulnisprozesse vermieden wird. Durch diese Bezeichnung wird freilich, wie aus den nachstehenden Ausführungen hervorgeht, nur einer von den wirksamen Faktoren hervorgehoben.

Als vor etwa 10 Jahren diejenige Modifikation der unterbrochenen Filtration, welche wir als das Oxydationsverfahren bezeichnen, weiteren

Kreisen bekannt wurde, da wurde der Prozeß als etwas vollkommen Neues hingestellt, als eine neue Erfindung, die mit sonstigen Abwasserreinigungsmethoden gar nicht in Zusammenhang stände. Man nannte es damals das Bakterienreinigungsverfahren und stellte den Vorgang so hin, als ob man das zu reinigende Abwasser mit Reinkulturen gewisser, besonders geeigneter Bakterien beimpfte und dasselbe durch diese Bakterien reinigen ließe. Der Reinigungsprozeß sollte innerhalb ein bis zwei Stunden vollzogen sein. Die Impfung der Abwässer sollte nicht bei jedesmaliger Beschickung erfolgen, sondern es wurde den wirksamen Bakterien — so stellte man den Vorgang dar — in Form von fein geschlagener Coke eine Art Gerüst gegeben, an welchem sie haften und sich vermehren könnten. Den Ruhepausen, welche zwischen zwei Beschickungen der Reinigungsanlage als notwendig erachtet wurden, maß man nur die Bedeutung zu, daß während derselben die Bakterien sich gewissermaßen erholen sollten von einer reichlichen Mahlzeit, die sie während des Vollstehens des Apparates zu sich genommen hätten.

Solche Ausführungen imponierten dem Laienpublikum natürlich ungemein und trugen sehr dazu bei, das Verfahren schnell populär zu machen. In Fachkreisen erweckten sie aber im Gegenteil größtes Mißtrauen. Für Vorgänge, wie die eben angeführten, lag kein Analogon vor.

Eine ganz andere Bedeutung gewann das in Rede stehende Verfahren in den Augen der Fachwelt, nachdem der Nachweis erbracht werden konnte, daß bei demselben außer der Thätigkeit von Mikroorganismen noch anderweitige, sehr wirksame Faktoren zur Geltung kommen, und zwar, wie schon hervorgehoben wurde, in erster Linie Absorptionswirkungen. Mit Hilfe von Farbstoffen, teilweise auch unter Anwendung von Desinfektionsmitteln, welche das Bakterienleben vollständig sistierten, gelang es nachzuweisen, daß die Schmutzstoffe, so weit sie nicht durch mechanische Filtration in der Reinigungsanlage zurückgehalten wurden, durch Absorptionswirkungen aus der Lösung herausgeholt werden (3).[1]

Sobald festgestellt war, daß es sich thatsächlich in erster Linie um eine Ausscheidung der gelösten fäulnisfähigen Stoffe durch Absorptionswirkungen handelt, war auch die wichtigste Grundlage gegeben für eine systematische Prüfung des Prozesses in Bezug auf seine quantitative und qualitative Leistungsfähigkeit.

Zunächst konnte an die bekannte Thatsache angeknüpft werden, daß Absorptionswirkungen stets nach Ablauf kurzer Zeit erschöpft

---

[1] Die in Paranthese angegebenen Zahlen beziehen sich auf die am Ende aufgeführten Publikationen.

werden und einer immer wiederkehrenden Regenerierung bedürfen. Dafs demzufolge auch bei dem Oxydationsverfahren die Absorptionswirkungen und damit der Reinigungseffekt innerhalb kürzester Zeit erschöpft werden, sofern nicht durch geeignete Versuchsanordnung Gelegenheit zu ihrer Regenerierung gegeben wird, liefs sich auf verschiedenen Wegen nachweisen. Aus den einschlägigen Beobachtungen mögen die folgenden angeführt werden.

Ein Oxydationskörper wurde wiederholt mit einer wässerigen Lösung beschickt, welche pro Liter 33,3 mg Ammoniak enthielt. Der Oxydationskörper wurde chloroformiert und dadurch die Bakterienthätigkeit sistiert. Am ersten Tage zeigten die Abflüsse aus dem Oxydationskörper nur 2,4 mg Ammoniak im Liter, am zweiten Tage bereits 15,4 mg, an den folgenden Tagen stieg der Ammoniakgehalt in den Abflüssen weiter, und schon am 6. Tage flofs die Ammoniaklösung in annähernd unverändertem Zustande aus den Oxydationskörpern ab.

Tabelle 2.

Oxydationskörper chloroformiert. Täglich einmal beschickt mit einer wässerigen Lösung von 33,3 mg Ammoniak im Liter.

Tag	Gehalt d. Abflüsse an Ammoniak im Lit. mg
1.	2,4
2.	15,4
3.	18,0
4.	25,0
5.	26,7
6.	30,3

Dasselbe Resultat erzielt man, wenn man anstatt der Bakterienthätigkeit die Lüftung ausschaltet: Eine Lösung mit 22,2 mg Ammoniak im Liter wurde durch einen nicht chloroformierten Oxydationskörper in kontinuierlichem Strome hindurchgeschickt. Die Abflüsse zeigten zunächst nur 4,4 mg Ammoniak. Nachdem etwa zweimal so viel Flüssigkeit durch den Oxydationskörper hindurchgeschickt worden war, als dieser aufzunehmen vermochte, enthielten die Abflüsse 17,3 mg, nach dreimaliger Füllung schon 20 mg Ammoniak im Liter.

Die Absorptionswirkungen treten nicht nur in der Herabsetzung des Ammoniakgehaltes zu Tage, sondern auch in der Herabsetzung des organischen Stickstoffs, der Oxydierbarkeit, des Glühverlustes etc. Grobsinnlich kann man sich von diesem Effekt der Absorptionskräfte leicht dadurch überzeugen, daß die ursprünglich fäulnisfähigen Abwässer durch kurzes Stehen in den Oxydationskörpern ihrer Fäulnisfähigkeit vollständig beraubt werden.

Sobald man aber so verfährt, wie wir es bei den beiden eben mitgeteilten Versuchen gethan haben, hören alle diese Wirkungen ebenso schnell auf, wie es bei der Ammoniakabsorption der Fall war; sämtliche Absorptionswirkungen werden innerhalb kürzester Zeit erschöpft, sobald entweder die Bakterienthätigkeit oder die Lüftung sistiert wird. Diese Thatsache tritt klar hervor aus den beiden nachstehend angeführten Versuchen.

1. Ein größerer Oxydationskörper, der in regelrechtem Betriebe längere Zeit hindurch sehr gut funktioniert hatte, wurde eine Zeit lang nicht in der geschilderten Weise, sondern ohne Unterbrechung mit Abwässern gefüllt. Das Ergebnis dieses Versuches ist, soweit die Oxydierbarkeit und der Geruch in Frage kommen, in der nachstehenden Tabelle niedergelegt.

Tabelle 3.

	Roh-wasser	nach ein-stündigem Stehen im Oxydat.-Körper	Abfluß				
			nach Durchlaufen des Oxydationskörpers				
			1. Füllung	2. Füllung	3. Füllung	4. Füllung	5. Füllung
Kaliumpermanganat-verbrauch mg pro 1 l	406	178	142	136	276	295	339
Abnahme d. Oxydierbarkeit in Prozenten . . .	—	56,2	65	66,5	32	27,3	16,5
Geruch . . .	fäkalisch	moderig	moderig	moderig	schwach fäkalisch	fäkalisch	fäkalisch

Die Oxydierbarkeit des unbehandelten Abwassers betrug 406 mg Permanganatverbrauch im Liter. Der Geruch dieser Abwässer war fäkalisch. Durch einstündiges Stehen im Oxydationskörper wurde die Oxydierbarkeit um 56,2 % herabgesetzt. Der Geruch dieser Abflüsse war moderig. Nach der ersten und zweiten, ohne Zwischenpause vorgenommenen Füllung des Oxydationskörpers ergaben sich ähnliche Abflüsse, nach der dritten Füllung jedoch war die Erschöpfung der Absorptionskräfte schon nachweisbar eingetreten, die Oxydierbarkeit wurde nur noch um 32 % herabgesetzt, die Abflüsse rochen schwach fäkalisch. Diese Erscheinung steigerte sich bei der 4. Füllung und bei der 5. Füllung floß das Abwasser schon in annähernd unverändertem Zustande durch den Oxydationskörper hindurch.

2. In einem uns zur Reinigung überwiesenen industriellen Abwasser wurde die sehr hohe Oxydierbarkeit in dem Oxydationskörper bei der ersten Beschickung in ähnlicher Weise herabgesetzt, wie es bei den vorstehend beschriebenen Versuchen der Fall war. Auch die Farbe und der Geruch der betr. Abwässer wurden erheblich beeinflußt. Obgleich nicht, wie in dem vorhergehenden Versuche in kontinuierlichem, sondern in unterbrochenem Betriebe, mit eintägigen Lüftungsperioden gearbeitet wurde, verminderte sich der beschriebene Effekt schon nach der 4. Füllung. Nach der 10. Füllung floß das Abwasser schon in völlig unverändertem Zustande aus dem Oxydationskörper ab.

Die Abflüsse aus dem Oxydationskörper wurden in einem Sandfilter nachbehandelt. Auch dieses versagte bereits bei der 10. Füllung.

Tabelle 4.

Datum 1900	No. der Beschickung	Rohwasser	Abflüsse			
			Cokes		Sand	
		Permanganatverbrauch				
		mg i. Lit.	mg i. Lit.	Herabsetzung in %	mg i. Lit.	Herabsetzung in %
8/10	1	47 070	29 983	36,3	20 654	56,1
9/10	2	»	33 344	29,2	37 594	20,1
10/10	3	»	35 627	24,3	37 218	20,9
11/10	4	»	41 353	12,1	37 536	20,3
13/10	6	»	42 976	8,7	44 874	4,7
16/10	9	»	45 630	3,1	45 630	3,1
17/10	10	»	48 000	Zunahme 1,9%	48 593	Zunahme 3,2%

Die bakteriologische Untersuchung der Abwässer ergab die Erklärung für diese Befunde. Die betreffenden Abwässer waren vollkommen frei von entwickelungsfähigen Keimen. Sie besaßen sogar bakterienwidrige Eigenschaften in solchem Maße, daß sie sämtliche in den Oxydationskörpern vorhanden gewesenen Mikroorganismen abtöteten. Dadurch wurde die nachträgliche Zersetzung der in den Körpern ausgeschiedenen Substanzen verhindert; die Folge war eine bald eintretende völlige Erschöpfung der Absorptionskräfte.

Man hat zeitweise wohl angenommen, daß die Regenerierung der Absorptionskräfte einfach auf die während der Ruhepausen erfolgende Lüftung zurückzuführen wäre. Daß eine solche Auffassung irrig ist, bedarf keiner näheren Darlegung, nachdem in dem eben

mitgeteilten Versuche, bei welchem regelrechte Lüftungsperioden statt-
fanden, die Regenerierung der Absorptionskräfte vollständig ausblieb,
sobald die Thätigkeit von Mikroorganismen fortfiel.

Zur weiteren Stütze dieser Auffassung mag noch folgender Versuch
dienen. Bei gewissen industriellen Abwässern versagte das Oxydationsverfahren ebenfalls, weil dieselben aktives Chlor enthielten. Sobald
dieses neutralisiert und die Abwässer in einen bakterienreichen Oxydationskörper gefüllt wurden, erzielten wir einen zufriedenstellenden
Reinigungseffekt.

Die Thätigkeit von Mikroorganismen ist also für die
Regenerierung der Absorptionskräfte ebenso unentbehr-
lich wie die Zufuhr des atmosphärischen Sauerstoffs.

Nach dem Gesagten darf als feststehend angesehen werden, daſs
die Wirksamkeit der Oxydationskörper, soweit die Ausscheidung
gelöster, fäulnisfähiger Substanzen in Betracht kommt, in ihren Grundzügen zurückzuführen ist auf Absorptionsvorgänge, deren
Erschöpfung verhindert wird durch die unter Zutritt
atmosphärischen Sauerstoffs sich abspielende Thätigkeit
von Mikroorganismen.

Die Mikroorganismenthätigkeit ist in erster Linie aufzufassen als
eine Zersetzung der auf den Oxydationskörper niedergeschlagenen
Schmutzstoffe. Die dadurch entstehenden Abbauprodukte der organischen Stoffe werden durch den zutretenden Sauerstoff zum Teil
sofort oxydiert.

Der Betrieb der Oxydationsanlagen muſs also dermaſsen geregelt
werden, daſs die hier angeführten Faktoren in einer dem angestrebten
Reinigungseffekt entsprechenden Intensität zur Geltung kommen.

Was nun die wirksamen Mikroorganismen anbetrifft, so verstand
man darunter bis vor einigen Jahren ausschlieſslich Bakterien. Auſser
Bakterien beteiligen sich aber thatsächlich noch die verschiedenartigsten anderweitigen Mikroorganismen in hervorragendem Maſse an
dem Zersetzungs- und Reinigungsprozesse. Auch höher organisierte
Lebewesen spielen dabei eine nicht zu vernachlässigende Rolle. Schon
früher (2 S. 41) haben wir auf diese Vorgänge hingedeutet und beschrieben, wie sich in den Oxydationskörpern neben den Bakterien
auch noch Hefen, Schimmelpilze, Algen, Protozoen, Würmer und
Insekten, zum Teil in sehr groſser Zahl, finden ·und, soweit sie beweglich sind, mit einer erstaunlichen Kraft und Energie an den einzelnen noch festen Schlammteilchen herumzerren.

An zwei Beispielen möchten wir nachweisen, welche Bedeutung auch
die höher organisierten Lebewesen für diesen Reinigungsprozeſs gewinnen können.

Vor etwa einem Jahre zeigten sich in unsern Oxydationskörpern zum erstenmal Regenwürmer. Diese haben sich innerhalb kürzester Zeit in solchem Maße vermehrt, daß eine kürzlich vorgenommene Zählung für etwa 100 qcm der von der Oberfläche eines Oxydationskörpers entnommenen Schlackenprobe 280 Regenwürmer ergab. Bei dieser Zählung wurden Würmer von weniger als 1 cm Länge vernachlässigt. Die Regenwürmer steigen bei der Füllung des Oxydationskörpers regelmäßig zur Oberfläche, und bei der Entleerung des Abwassers verkriechen sie sich wieder in die Tiefe. Gelegentlich haben wir in einem leer stehenden Oxydationskörper bis zum Grunde hinunter die Zahl der Regenwürmer für die verschiedenen Höhen festgestellt. Dabei fanden sich die Würmer bis zur Sohle des Oxydationskörpers hinunter. Im März 1900 schon ergab eine Abschätzung auf Grund vorgenommener Zählungen die Anwesenheit von mehr als einer Million Regenwürmer im Oxydationskörper. Ihre Zahl ist inzwischen anscheinend noch erheblich gewachsen. Eine Wägung von Würmern durchschnittlicher Größe ergab rund 11 g pro 100 Würmer. Das Ergebnis unserer im April 1900 erfolgten Zählung würde in Gewicht ausgedrückt besagen, daß in dem 100 cbm großen Oxydationskörper sich mehr als 100 kg Regenwürmer fanden. Abgesehen davon, daß diese Regenwürmer eine sehr intensive, mechanische Durcharbeitung des Oxydationskörpers bewirken, kommt noch in Betracht, daß sich die Leibessubstanz derselben aus dem im Oxydationskörper zurückgehaltenen Schlamm, bezw. aus den Mikroorganismen entwickelt hat.

Da die Regenwürmer den Oxydationskörper nur in verhältnismäßig sehr kleiner Zahl verlassen, so geht mit der Deponierung der organischen Stoffe in ihrer Leibessubstanz nicht eine direkte Entfernung der fraglichen Substanzen aus dem Oxydationskörper einher. Anders liegt es mit den Insektenlarven, die sich ebenfalls in unzähligen Mengen in dem Oxydationskörper finden und sich auf Kosten der dort zurückgehaltenen organischen Stoffe entwickeln. Beim Ausschlüpfen der Insekten entweicht dieser Teil der im Oxydationskörper zurückgehaltenen organischen Stoffe in die Luft. Das Gewicht dieser Larven für einen Oxydationskörper von 100 cbm Rauminhalt wird sich jährlich ebenfalls nach Kilogrammen berechnen.

Die angeführten Beispiele mögen vorläufig genügen zur Begründung unserer Behauptung, daß beim Oxydationsverfahren außer den Bakterien auch noch andere Lebewesen sich in hervorragendem Maße an der Zersetzung und Umformung der Schmutzstoffe beteiligen.

Die auf Lebewesen zurückzuführenden Zersetzungsvorgänge in dem Oxydationskörper, welche, wie oben dargelegt, unbedingte Voraussetzung für den Erfolg der biologischen Reinigungsverfahren sind, lassen sich auf verschiedenem Wege analytisch nachweisen. Die Frage der Kohlensäurebildung und des Sauerstoffkonsums in dem Oxydationskörper hat an anderer Stelle (3), bereits eine eingehende Besprechung erfahren, auf deren Einzelheiten wir an dieser Stelle nicht zurückkommen können. In Ergänzung der früheren Mitteilungen möchten wir aber auf die folgenden, inzwischen gemachten Beobachtungen hinweisen, aus denen hervorgeht, daß diese Abflüsse aus den Oxydationskörpern bei unseren Versuchen an freier Kohlensäure durchschnittlich etwa 100 mg pro Liter mehr aufweisen als die ungereinigten Abwässer.

Tabelle 5.

Vergleichende Übersicht über den Gehalt der Rohwässer und der gereinigten Abwässer an freier Kohlensäure und Gesamtstickstoff. (Versuch C.)

Datum	Kohlensäure		Gesamtstickstoff		
	Rohwasser	Abfluß	Rohwasser	Abfluß	Abnahme in %
24/11	27,9	142,3	31,5	12,6	60,0
28/12	0	110,5	67,2	22,1	67,1
17/1	24,2	125,4	58,8	26,3	55,3

Die in der Tabelle niedergelegten Ergebnisse wurden bei einem und demselben Versuche im Laufe von drei aufeinander folgenden Monaten gewonnen. Die hier nachgewiesene Kohlensäureproduktion repräsentiert nur einen kleinen Bruchteil der überhaupt bei dem betr. Versuche in Frage kommenden Kohlensäurebildung; der weitaus größte Teil der gebildeten Kohlensäure entweicht in die Luft. Während der Lüftungsperiode enthält die in den Poren des Oxydationskörpers enthaltene Luft gelegentlich nicht weniger als 6 bis 10% Kohlensäure. (3, S. 189).

Der Sauerstoff wird der dem Oxydationskörper während der Lüftungsperiode zugeführten, atmosphärischen Luft mit außerordentlicher Energie entzogen. Bei geeigneter Versuchsanordnung läßt sich nachweisen (3), daß der Sauerstoffgehalt der zugeführten Luft innerhalb kurzer Zeit bis auf Spuren, oder gar vollständig durch den Oxydationskörper absorbiert wird. Durch Diffusionswirkungen und durch ein infolge der Absorptionsvorgänge entstehendes Vakuum werden selbst unter erschwerten Umständen weitere Sauerstoffmengen aus der umgebenden Luft aufgenommen. Dieser Sauerstoff teilt sich nicht etwa dem bei der nächsten Beschickung zugeführten Abwasser in gasförmiger Gestalt mit. Die Auffassung, als ob die Abflüsse aus den Oxydationskörpern mit atmosphärischem Sauerstoff gesättigt wären, ist durchaus

irrig. Die Abflüsse enthalten vielmehr bei einem gut arbeitenden Oxydationskörper häufig nur etwa 1 ccm freien Sauerstoff im Liter. Der
Hauptsauerstoffverbrauch dient ohne Zweifel zur Oxydierung der aus
den fäulnisfähigen Stoffen durch die Mikroorganismen gebildeten Abbauprodukte.

Die Zersetzungsvorgänge im Oxydationskörper lassen sich ferner
verfolgen an der Abnahme des Stickstoffgehaltes in den Abwässern.
Die letztangeführte Tabelle (Nr. 5) zeigt, daß der Gesamtstickstoffgehalt
der Abwässer infolge der Einwirkung des Oxydationskörpers um durchschnittlich etwa 60% herabgesetzt wird. Von dem zugeführten Ammoniak wurden nach eingetretener Reifung des Oxydationskörpers in
der Regel 30 bis 40% in dem Oxydationskörper zurückgehalten, selbst
wenn man den Oxydationskörper zweimal täglich mit Abwasser beschickt, mithin zur Regenerierung der Absorptionskräfte nur relativ
kurze Zeit läßt. Die nachstehende Tabelle zeigt die einschlägigen Ergebnisse für eine 14 monatliche Betriebsperiode bei einem Oxydationskörper, der täglich einmal mit Abwässern beschickt wurde und für
einen zweiten Oxydationskörper, bei dem die Beschickung täglich zweimal erfolgte.

Tabelle 6.

Ammoniak-Absorption durch Schlacken-Oxydationskörper von 3—7 mm
Korngröße.

		Betriebsmonate					
		1.	2.	5.	8.	10.	14.
Herabsetzung des Ammoniakgehaltes in %	Einmalige Füllung täglich	9,1	34,6	35,2	47,4	43,0	40,5
	Zweimalige Füllung täglich	14,6	30,9	23,0	41,8	41,2	41,6

Daß diese Ammoniakabsorption aufhört, sobald man die Lebens-
thätigkeit der Mikroorganismen sistiert, wurde weiter oben schon dargelegt.

Die Abnahme des Gesamtstickstoffgehaltes, sowie insbesondere
auch des Ammoniaks, erfolgte bei täglicher Beschickung des Oxydationskörpers Jahre hindurch fortgesetzt in gleichem Maße. Das war auch
der Fall bei Versuchen, wo die Abflüsse aus den Oxydationskörpern
salpetrige Säure, bezw. Salpetersäure, entweder gar nicht, oder doch nur
in sehr geringen Mengen enthielten. Die Erklärung für diese Beobachtung würde man zunächst in der Annahme suchen können, daß

die Stickstoffverbindungen in dem Oxydationskörper angesammelt
würden. In solchem Falle müfste aber die Absorptionsthätigkeit auf-
hören. Auch hat die Untersuchung des Schlammes, der sich nach
jahrelangem Betrieb in dem Oxydationskörper fand, nur die Anwesenheit verhältnismäfsig geringer Mengen von Stickstoff ergeben. Erfolgte
die Untersuchung des in dem Oxydationskörper abgelagerten Schlammes
schon kurze Zeit nach dem Beginn des Versuches, so enthielt der
Schlamm etwa ebensoviel Gesamtstickstoff, wie in den Fällen, wo der
Schlamm in Untersuchung gezogen wurde, wenn der Körper jahrelang
mit Abwasser beschickt worden war. Nach 180 Füllungen enthielt der
Schlamm eines Oxydationskörpers 0,61 % Gesamtstickstoff, nach 800
Füllungen enthielt er 0,58 % Gesamtstickstoff.

Es bleibt mithin nur die Erklärung übrig, dafs der durch Absorp-
tion zurückgehaltene Stickstoff, ebenso wie die Kohlensäure, in gas-
förmigem Zustande aus dem Oxydationskörper entweicht. Diese Annahme besteht auch zu Recht. Dunbar wird über seine einschlägigen
Beobachtungen gelegentlich besonders berichten.

Tabelle 7.

**Salpetersäurebildung und Abnahme der Oxydierbarkeit
bei Schlackenoxydationskörpern von 3—7 mm Korngröfse,
bei ein- bezw. zweimaliger Beschickung mit Abwasser.**

Versuch B. Einmal täglich beschickt. Lüftungsperiode 19 Stunden.			Versuch C. Zweimal täglich beschickt. Lüftungsperiode 12 Stunden.		
Nr. der Füllung	Salpetersäure mg i. Lit.	Herabsetzung der Oxydierbar-keit in %	Nr. der Füllung	Salpetersäure mg i. Lit.	Herabsetzung der Oxydierbar-keit in %
12	0	63,7	7	0	65,1
23	3,5	67,0	27	8,2	63,1
128	4,7	69,7	109	4,4	79,9
164	31,5	69,5	285	3,3	80,7
177	49,3	78,8	331	1,5	80,7
182	56,4	71,1	351	Spuren	82,9
272	21,4	0	401	0	81,0
277	3,5	73,4			
337	6,8	63,4			
436	5,5	78,0			
518	2,5	77,2			
538	Spuren	76,6			
559	0	71,5			

Wir betonen nochmals ausdrücklich, daſs das Auftreten von Salpetersäure, bezw. salpetriger Säure, in den Abflüssen aus dem Oxydationskörper durchaus nicht als unbedingte Voraussetzung für einen zufriedenstellenden Reinigungsvorgang angesehen zu werden braucht. Zur Begründung dieser Behauptung mag die vorstehende Tabelle dienen, welche unsere, bei den weiter unten beschriebenen Versuchen B und C gemachten einschlägigen Beobachtungen enthält. Es ist hier der in den gereinigten Abflüssen gefundene Gehalt an Salpetersäure in absoluten Zahlen in Vergleich gestellt zu dem durch die Abnahme der Oxydierbarkeit ausgedrückten Reinigungseffekt.

Bei Versuch B hatte die Salpetersäurebildung mit der 182. Beschickung des Oxydationskörpers ihr Maximum erreicht. Von da ab sank der Salpetersäuregehalt in den gereinigten Abflüssen bis zum völligen Verschwinden. Die Herabsetzung der Oxydierbarkeit und der übrigen für die Beurteilung des Reinigungserfolges maſsgebenden Faktoren aber sank nach diesem Zeitpunkt nicht, sondern sie steigerte sich bei Fortsetzung des Versuches.

Bei Versuch C, der sich von B nur dadurch unterscheidet, daſs der Oxydationskörper täglich zweimal anstatt einmal mit Abwasser beschickt wurde, wurden zu keiner Zeit mehr als einige mg Salpetersäure in dem Abfluſs gefunden. Der Reinigungseffekt jedoch, ausgedrückt durch die Herabsetzung der Oxydierbarkeit, fiel bei diesem Versuche noch günstiger aus als bei Versuch B.

Seit Beginn der Versuche haben wir unser Augenmerk auf das Studium der Vorgänge gerichtet, die der Salpetersäurebildung zu Grunde liegen. Schon im Jahre 1897 konnten wir feststellen, daſs die Salpetersäurebildung nur zur Zeit der Lüftungsperioden, also zu der Zeit erfolgt, zu welcher die Abwässer aus den Oxydationskörpern entfernt sind. Diese, übrigens nach den Beobachtungen der Agrikulturchemiker von vornherein zu erwartende Thatsache, ist auch von anderer Seite konstatiert und inzwischen publiziert worden. Wir hatten zunächst Versuche an kleineren Oxydationskörpern angestellt, später aber auch an allen groſsen Oxydationskörpern, nachdem festgestellt worden war, daſs sich die Gesamtmenge der gebildeten Salpetersäure durch mehrmaliges Ausspülen des Oxydationskörpers mittels salpetersäurefreien Abwassers vollständig entfernen läſst. Die nachstehende Tabelle enthält die Ergebnisse eines solchen Versuches: vier gleichmäſsig hergestellte Oxydationskörper wurden gleichzeitig in der nachstehend beschriebenen Weise gespült, bezw. mit Abwasser beschickt. Zur Zeit der Entleerung waren die Abwässer frei von Salpetersäure. Bei dem ersten Körper wurde 4 Stunden nach Entleerung des Abwassers die inzwischen gebildete Salpetersäure bestimmt, bei dem nächsten nach 6 Stunden u. s. w.

Tabelle 8.

	Salpeter-säure	Salpetrige Säure	Ammo-niak
	mg im Liter		
Nach mehrmaligem Ausspülen der Oxydations-körper zeigt das Spülwasser	0	0	0
Darauf werden die Oxydationskörper mit Ab-wasser gefüllt. Nach 4 stündigem Verweilen in den Körpern enthalten die Abflüsse . .	0	0	22,2
Nach 6 stündigem Lehrstehen enthält das Spül-wasser des ersten Körpers	8,4	2,3	13,3
Nach 8 stündigem Leerstehen wird der zweite Körper mit einer gleichen Menge destillierten Wassers ausgespült. Das Spülwasser enthält	14,9	0,4	11,2
Nach 12 Stunden enthält das Spülwasser des dritten Körpers	11,4	Spuren	1,4
Nach 48 Stunden enthält das Spülwasser des vierten Körpers	80,0	0,7	3,8

Weitere Versuche bestätigten die hier zu Tage tretende Thatsache, dafs die Salpetersäurebildung aufserordentlich schnell vor sich geht. Schon innerhalb weniger Stunden nach ihrer völligen Beseitigung aus dem Oxydationskörper finden sich wieder nicht unerhebliche Mengen davon.

Bei Versuchen, die wir gleichzeitig unter Anwendung der Winogradskyschen Bakterien anstellten, verlief die Salpetersäure-bildung entsprechend den sonstigen nach dieser Richtung gemachten Erfahrungen weit langsamer. Selbst in Versuchen, die sich unmittel-bar an das Oxydationsverfahren anlehnten, war das der Fall. Mit Rücksicht auf diese und andere ähnliche Beobachtungen können wir uns nicht zu der Auffassung entschliefsen, dafs ausschliefslich die Winogradskyschen Bakterien als Salpetersäurebildner in Frage kommen. Unsere mit den in den Oxydationskörpern angetroffenen Mikroorganismen angestellten Versuche haben einen befriedigenden Abschlufs noch nicht erreicht. So viel darf als feststehend angesehen werden, dafs die Salpetersäure bildenden Mikroorganismen in dem Ab-wasser jederzeit enthalten sind; denn in jedem Versuche, auch bei der Verwendung steriler Oxydationskörper, trat Salpetersäure auf, sofern Lüftungsperioden von genügender Dauer gewählt wurden. Auch bei den überanstrengten Oxydationskörpern, in welchen Monate hindurch

Salpetersäure nicht gebildet worden war, traten Mengen bis zu mehr als 400 mg pro Liter auf, sobald der Oxydationskörper für längere Zeit aufser Betrieb gesetzt wurde. Die nachstehende Tabelle zeigt das Ergebnis eines solchen Versuches an Oxydationskörpern, deren Abflüsse vor der Ruhepause sämtlich fortgesetzt frei gewesen waren von Salpetersäure. Nach 8 bis 10 Tagen Ruhepause fanden sich in den verschiedenen Körpern 23 bis 247 mg Salpetersäure, nach etwa vierwöchentlicher Ruhepause 228 bis reichlich 400 mg im Liter. Schon einige Tage nach erneuter Inbetriebnahme des Oxydationskörpers war die Salpetersäure aus den Abflüssen wiederum ganz verschwunden.

Tabelle 9.

Einflufs der Lüftungsperioden auf die Bildung der Salpetersäure.

Versuch	B	C	D	E	F	G	J	L	O	P
Salpetersäure in mg pro Liter Vor der Lüftungsperiode .	0	0	0	Spuren	0	0	0	0	0	0
Dauer der Lüftungsperiode in Tagen	10	10	8	30	8	30	8	30	30	30	·30	30	8
Nach der Lüftungsperiode am 1. Tage	22,9	28,0	106,2	255,4	247,2	343,7	187,5	227,6	272,8	426,7	231,7	394,1	74,8
» 2. »	3,5	Sp.	Spuren		Spuren		23,7						4,5
» 3. »	3,5	»											0
» 4. »	0	0		»	Sp.		Sp.	0	0	0	0		
» 5. »	0												
» 6. »	0			»	»		»						

Nicht allein längere Lüftungsperioden, sondern auch andere, weniger durchgreifende Eingriffe genügen, um die Salpetersäurebildung sofort hervorzurufen. Die nachstehende Tabelle enthält die Ergebnisse eines Versuches, bei welchem ein Oxydationskörper, dessen Abflüsse bis dahin frei gewesen waren von Salpetersäure, bis zu einer Tiefe von 15 cm umgegraben wurde. Die Folge dieser Mafsnahme war, dafs der Salpetersäuregehalt der Abflüsse im Laufe einiger Tage bis auf etwa 33 mg im Liter stieg, dann aber innerhalb einiger Tage allmählich auf 0 sank. Dieser Oxydationskörper wurde nur täglich einmal mit Abwässern beschickt. Ein zweiter ebenso behandelter Oxydationskörper, der täglich zweimal mit Abwässern beschickt wurde, zeigte nach dem Umstechen in seinen Abflüssen mehrere Tage hindurch nicht mefsbare Spuren von Salpetersäure, die dann auch allmählich verschwanden.

Tabelle 10.

Einfluß des Umgrabens auf die Salpetersäurebildung in Schlacke von 3—7 mm Korngröfse.

Datum 1900	Einmal täglich gefüllt		Zweimal täglich gefüllt	
	Anzahl der Füllungen	Salpeter-säure-bildung	Anzahl der Füllungen	Salpeter-säure-bildung
2./3.	520	0	347	0
		Umgegraben		
3./3.	521	4,1	349	Spuren
5./3.	523	7,1	351	›
6./3.	524	16,1	353	›
13./3.	531	32,9	365	›
15 /3.	533	21,8	369	›
16./3.	534	17,6	371	›
17./3.	535	21,2	373	›
27./3.	545	Spuren	393	0
3./4.	552	0	407	0
10./4.	559	0	421	0

Die **salpetrige Säure** haben wir bei den obigen Besprechungen
vorläufig ganz aufser acht gelassen. Die allgemeine Auffassung geht
zur Zeit dahin, dafs die salpetrige Säure, wo sie sich findet, als ein
durch Vermittelung der Winogradsky schen Nitritbildner aus Ammoniak gebildetes Produkt anzusehen sei, welches durch die Winogradsky schen Nitratbildner alsbald in Salpetersäure übergeführt wird.
Der letztere Prozefs soll, wie man annimmt, in der Ackerkrume so
schnell vor sich gehen, dafs der Nachweis von Nitriten in der Regel
gar nicht zu führen ist. Bei unseren Versuchen mit dem Oxydationsverfahren haben wir Salpetersäure ebenfalls, wie schon erwähnt, gelegentlich in sehr grofsen Mengen nachweisen können. Salpetrige
Säure fehlte auch in solchen Fällen fast gänzlich, sofern bei der Versuchsanordnung gewisse Vorsichtsmafsregeln beobachtet wurden, auf
die wir hier noch kurz eingehen möchten.

Bei Gelegenheit von Versuchen, auf die wir noch zurückkommen,
sollte festgestellt werden, ob die Salpetersäurebildung beeinträchtigt
würde durch Beschickung des Oxydationskörpers mit Abwasser von
unten anstatt von oben. Das Ergebnis dieser Versuche war folgendes:
Die Beschickung des Oxydationskörpers von unten her kann auf die
Salpetersäurebildung nur von geringem Einflufs sein, weil die Salpetersäurebildung, wie schon erwähnt, während der Lüftungsperiode vor
sich geht. Füllte man aber einen Oxydationskörper, der bis dahin

regelmäſsig selbst erhebliche Mengen von Salpetersäure in seinen Abflüssen zeigte, von unten her, so fehlte trotzdem Salpetersäure in den Abflüssen gänzlich, oder sie war nur in Spuren vorhanden. Sofern man nun nach einer 24 stündigen Lüftungsperiode denselben Oxydationskörper von oben füllte, waren in den Abflüssen mehr als 100 mg Salpetersäure nachweisbar. In letzterem Falle war salpetrige Säure selbst in Spuren nicht nachweisbar. Erfolgte aber die Füllung von unten, so fanden sich bis zu 13 mg salpetrige Säure in den Abflüssen. Fassen wir diese Beobachtungen zusammen, so erkennen wir, daſs die vorher während der Lüftungsperiode gebildete Salpetersäure in den Fällen, wo der Oxydationskörper von unten her beschickt wurde, innerhalb weniger Minuten zum gröſsten Teil vollständig reduziert wurde, zu einem gewissen Prozentsatz aber noch in Form von salpetriger Säure nachweisbar blieb.

Würde man nicht die Thatsache berücksichtigen, daſs die Bildung der Salpetersäure während der Lüftungsperiode erfolgt, so würde man aus obigen Versuchen den Schluſs gezogen haben, daſs die Füllung des Oxydationskörpers von unten her auf den Reinigungsprozeſs ungünstiger wirke als die Füllung des Körpers von oben, weil bei der Füllung von unten in den Abflüssen Salpetersäure fast gar nicht nachweisbar ist, bei der Beschickung desselben Oxydationskörpers von oben jedoch ganz erhebliche Mengen. Es mag hier jedoch darauf hingewiesen sein, daſs bei Versuchen in gröſseren Oxydationskörpern später auch bei der Beschickung der Körper von unten her sich Salpetersäure bis zu 72,4 mg pro Liter fand. Wurden die hier in Frage kommenden Oxydationskörper alternierend von unten und von oben gefüllt, so gelangten wir zu folgenden Ergebnissen.

Tabelle 11.

Datum 1900	Salpetersäure bei Füllungen von oben und unten			
	Cokebottich	Kiesbottich	Schlacke-bottich	Art der Füllung
27./2.	0	0	0	von unten
6./3.	44,6	21,9	9,5	» oben
13./3.	80,0	100,0	Spuren	» »
3./4.	76,4	49,2	0	» »
10./4.	54,0	55,6	10,3	» »
24./4.	0	0	0	» unten
1./5.	80,0	50,8	Spuren	» oben
8./5.	4,0	0	0	» unten
14./5.	27,2	Spuren	1,9	» »
15./5.	20,8	15,6	Spuren	» oben
16./5.	18,4	10,1	»	» »
17./5.	2,4	Spuren	»	» unten

Die oben mitgeteilten Versuche über die Salpetersäurebildung bieten nach mancher Richtung hin schon höchst interessante Anhaltspunkte. So viel haben wir aus den seit Jahren fortgesetzten Beobachtungen jedenfalls schon entnehmen können, dafs auf diesem Gebiete der wissenschaftlichen Forschung noch ein sehr weites Arbeitsfeld sich bietet.

Die eben erwähnten, in den Oxydationskörpern sich abspielenden Reduktionsvorgänge kommen auch durch die Ausscheiduug des in den Abflüssen gelösten Eisens zum Ausdruck. Je stärker ein Oxydationskörper in Anspruch genommen wurde, um so erheblicher stieg die Ausscheidung des Eisens aus demselben. Wir haben hier, sofern es sich um eisenfreie Abwässer handelt, naturgemäfs Oxydationskörper im Auge, die aus einem eisenhaltigen Material hergestellt sind. Aus der nachstehenden Tabelle geht hervor, dafs der Eisengehalt der Abflüsse bei täglich einmaliger Füllung allmählich zunimmt, im Gegensatze zu der Salpetersäureausscheidung, die, wie vorerwähnt, in demselben Mafse abnimmt. Bei täglich zweimaliger Füllung finden wir schon nach kürzerer Zeit eine weit erheblichere Ausscheidung von Eisen. In den mitgeteilten Versuchen erreicht diese etwa 10 mg pro Liter, bei anderen Versuchen haben wir bis zu 40 mg pro Liter nachweisen können. Die Eisenausscheidung wird durch Anwendung des doppelten Oxydationsverfahrens, wie dieselbe Tabelle zeigt, erheblich hintangehalten.

Tabelle 12.

Eisenausscheidung bei schonendem und forciertem Betrieb.

Schlackekörper 3—10 mm Korngtöfse.

Datum	Einfaches Oxydationsverfahren						Dopp. Oxydationsverfahren		
	Schonender Betrieb (Füllung 1 mal tägl.)			Forcierter Betrieb (Füllung 2 mal tägl.)			Füllung 3 mal täglich		
1900	Nr. der Periode	Geruch	$Fe_2 O_3$ mg i. Lit.	Nr. der Perode	Geruch	$Fe_2 O_3$ mg i. Lit.	Nr. der Periode	Geruch	$Fe_2 O_3$ mg i. Lit.
19./5.	598	modrig	0,4	484	nach Eisen	4,7			
22./5.	601	»	0,4	489	»	6,2			
7./6.	617	»	2,78	518	»	11,0	380	modrig	0,6
23./8.	693	»	1,3	638	»	5,4	434	»	0,3
29./8.	699	»	1,5	651	»	4,5			
1./9.	702	»	1,9	657	»	5,7	771	»	Spuren

Das in den Oxydationskörpern enthaltene Eisenhydroxyd wird reduziert und mit der im Körper enthaltenen Kohlensäure als Eisenkarbonat ausgeschieden. Bei forciertem Betriebe steigern sich nicht nur die Reduktionsvorgänge, sondern auch die Kohlensäureproduktion. Beide Faktoren erhöhen die Eisenausscheidung. Wie schon an anderer Stelle erwähnt wurde, hat diese Eisenausscheidung auf das Aussehen der Abflüsse einen nachteiligen Einfluß. Erst nach mehrtägigem Stehen scheidet sich das Eisen wieder vollständig aus.

Obige Beobachtungen machen naturgemäß keinen Anspruch auf eine erschöpfende Darstellung aller der Zersetzungsvorgänge, die sich in den Oxydationskörpern abspielen.

Kapitel V.
Ergebnisse der experimentellen Prüfung des Oxydationsverfahrens.

—

Allgemeines.

Wenden wir uns nach obigen vorbereitenden Erörterungen nunmehr dem speciellen Berichte über die einzelnen in der Hamburger Klärversuchsanlage ausgeführten Versuche zu, so beginnen wir damit ein sehr umfangreiches Kapitel, dessen Lektüre durch die Einschaltung zahlreicher Tabellen und sonstiger Belege erschwert wird. Wir trugen uns mit der Absicht, den eingehenden Bericht über diese Arbeiten als Anhang beizufügen, die Resultate aber in einem vorhergehenden Kapitel in kurzer, übersichtlicher Form zusammenzustellen. Hiermit wünschten wir einem uns persönlich wiederholt geäußerten Wunsche entgegenzukommen. Bei näherer Überlegung sind wir aber von der Absicht doch zurückgetreten und zwar hauptsächlich aus folgenden Gründen: Die mehrjährigen Arbeiten, über die hier zu berichten ist, hatten sich nicht die Lösung einer einzelnen Frage zum Ziel gesetzt, über welche sich kurz und bündig berichten ließe, sondern wir waren fortgesetzt bemüht, die zahllosen Einzelfragen mit in Betracht zu ziehen, die uns bei dem Versuch, ein neues Abwasserreinigungsverfahren in die Praxis einzuführen, naturgemäß entgegentreten. Aus diesem Grunde ist die große Zahl von Versuchen angestellt worden, über die nachstehend berichtet werden soll. Jeder einzelne dieser Versuche weicht in gewissen Punkten von den übrigen Versuchen ab. Jeder Versuch sucht eine oder mehrere specielle, praktisch wichtige Fragen zu lösen, und wir sind der Auffassung, daß sich nur an der Hand einer detaillierten Wiedergabe der Versuchsbedingungen und der beobachteten Daten eine Nachprüfung unserer Schlußfolgerungen ermöglichen läßt.

Arbeiten wie die vorliegende sollen ja auch nicht dazu dienen, diejenigen, welche den bearbeiteten Fragen ziemlich fern stehen, wenn wir so sagen dürfen, während eines Verdauungsstündchens vollkommen zu orientieren, sondern sie sollen denjenigen, die sich ernstlich mit den Fragen zu befassen gedenken, die nötigen Grundlagen darbieten. Eine mehr populäre Darstellung der Ergebnisse dürfte eine Aufgabe für sich bilden.

Die Hamburger Klärversuchsanlage

ist bereits mehrfach beschrieben worden (2, 7, 8, 9). Trotzdem halten wir es für angezeigt, auch dem folgenden Berichte eine kurze Darstellung der benutzten Anlage voraufzuschicken. Es ist uns aufgefallen, daß sehr viele unserer zahlreichen Besucher von der Größe der in Frage stehenden Anstalt überrascht waren. Viele hatten durch mündliche Beschreibung oder auch aus mangelhaften Referaten und fehlerhaften Kritiken den Eindruck gewonnen, als handelte es sich bei unseren Versuchen nur um Experimente im kleinsten Maßstabe. Die unten mitgeteilten, bezw. aus den beigefügten Abbildungen ersichtlichen Größenverhältnisse unserer Anlage dürften zur Beseitigung solcher fehlerhaften Auffassung mit beitragen.

Im Jahre 1894 beschlossen Senat und Bürgerschaft, für den Bau einer Klärversuchsanlage 50000 M. und für den Betrieb der Anlage jährlich 9200 M. zur Verfügung zu stellen, welch' letztere Summe später auf 10200 M. erhöht wurde.

Bei der Aufstellung des Projektes für die Klärversuchsanlage ging man von dem Gesichtspunkte aus, daß die Anlage nicht nur zur Untersuchung einzelner vorher bestimmter Methoden Verwendung finden sollte, sondern daß die verschiedenartigsten Verfahren in derselben geprüft werden sollten. Es sollte u. a. auch möglich sein, in dieser Anlage Abwasser-Desinfektionsversuche auszuführen mit vorheriger Ausscheidung der Schmutzstoffe, bezw. Klärung der Abwässer und eventuell auch nachheriger Neutralisierung der angewendeten Desinfektionsmittel. Diese Anlage sollte sowohl für intermittierenden als auch für kontinuierlichen Betrieb benutzt werden können, schließlich auch für chemische Vorklärung mit nachheriger Filtration. Pumpbetrieb sollte so weit als möglich vermieden werden.

Derartige und andere Rücksichten haben zu der nachstehend im Längenschnitt wiedergegebenen Anordnung geführt. Die Klärversuchsanlage besitzt drei Klärbecken mit je 64 qm Grundfläche und 1½ m Höhe. Die Höhe der einzelnen Becken läßt sich leicht vergrößern. Der Inhalt des ersten, am höchsten belegenen Beckens kann durch natürliches Gefälle in das zweite, von hier aus in das dritte Becken entleert werden. Die Entleerung kann durch ein drehbares Rohr erfolgen, wobei der Inhalt vorsichtig von oben herabgesogen wird, unter Zurücklassung des sedimentierten Schlammes. Sie kann aber auch durch ein in der Nähe des Bodens befindliches Schieberschofs erfolgen. Schliefslich kann auch der Inhalt eines jeden Beckens direkt in ein Siel ablaufen, ohne ein dahinter liegendes Becken passieren zu müssen. Bei kontinuierlichem Betriebe kann man den Inhalt der einzelnen Becken auch über die Trennungsmauer hinwegleiten.

Der Betrieb läfst sich also in den einzelnen Becken unabhängig voneinander ausführen, zumal die Zuleitung der ungereinigten Abwässer sich direkt nach dem zweiten und dritten Becken ermöglichen läfst.

Die Abwässer passieren, wie der nachstehende Grundrifs der Anlage ersehen läfst, zunächst einen vor der Klärversuchsanlage liegenden Einsteigeschacht. Durch Schliessen des hierin befindlichen Schieberschosses können wir die Abwässer an der Versuchsanlage vorbeiführen. Von dem Einsteigeschacht aus gelangen die Abwässer zunächst in einen Sandfang von 3,7 × 2,0 m Grundfläche. In der Mitte dieses Sandfanges ist ein senkrecht stehendes Gitter aufgestellt worden, dessen Stäbe ungefähr 1 cm Zwischenraum haben. Nach Passieren des Sandfanges werden die Abwässer von der sich anschliefsenden Mischrinne aus dem Becken zugeleitet.

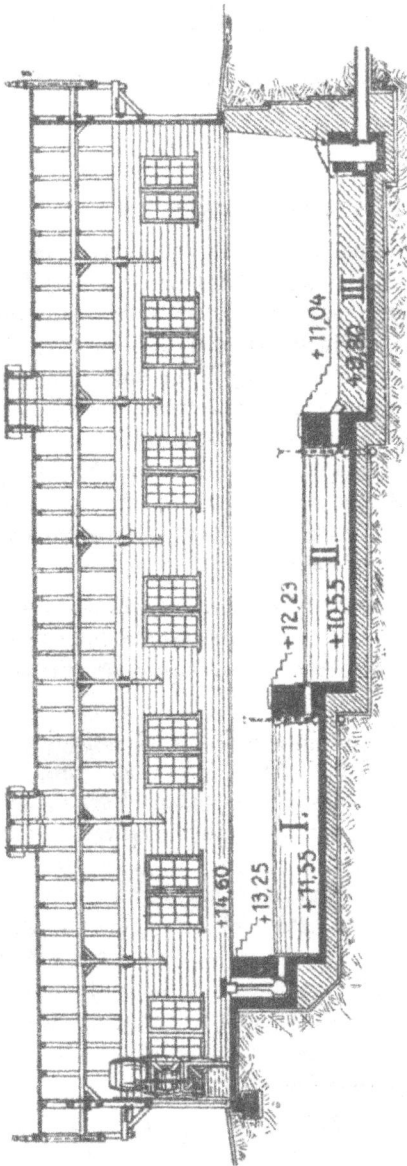

Fig. 1.

An beiden Seiten der Klärbecken sind breite Gänge gelassen. Auch sind die Zwischenmauern zwischen den Klärbecken breit angelegt, so daſs man die Möglichkeit hat, überall frei zu verkehren, auch nötigenfalls Apparate aufzustellen.

Baulich getrennt von der Klärhalle ist ein chemisches Laboratorium errichtet.

Unserer Klärversuchsanlage werden die Abwässer des Neuen Allgemeinen Krankenhauses Hamburg - Eppendorf zugeführt, dessen Insassen sich auf etwa 2000 Köpfe belaufen. Diese Abwässer setzen sich zusammen aus den Wirtschaftsabwässern und den Fäkalien. An Regentagen gelangt auch der gröſste Teil der meteorischen Niederschläge von dem Terrain des Krankenhauses in die Kanäle. Die

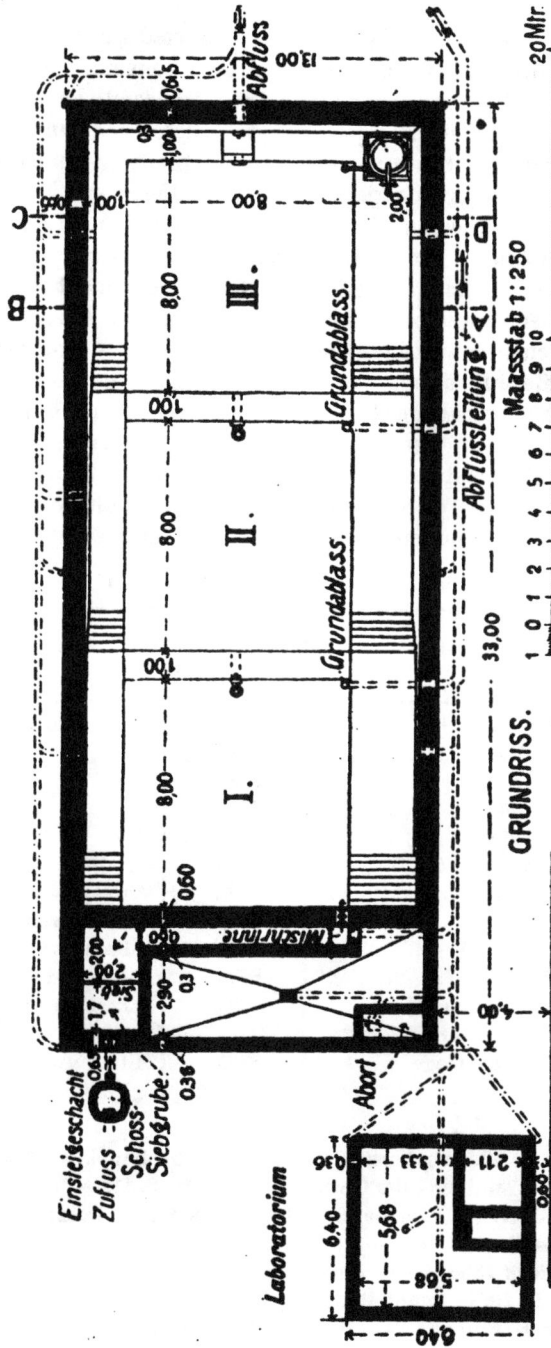

Abwässer unterscheiden sich von städtischen Abwässern insofern, als in dem Krankenhause ein Wasserkonsum von etwa 400 l pro Kopf und Tag zu verzeichnen ist, während letzterer in Städten 100 l selten zu übersteigen pflegt. Diese von uns stets hervorgehobene Thatsache hat zu einer sehr verbreiteten fehlerhaften Kritik unserer Versuche Anlaß gegeben und vielfach die Meinung erweckt, als ob wir zu unseren Versuchen Abwässer benutzten, die mit städtischen Abwässern gar nicht zu vergleichen seien, weil sie zu sehr verdünnt wären. Letzteres trifft jedoch durchaus nicht zu. Wie wir stets betont haben, entnehmen wir, das Abwasser zu unseren Versuchen den Kanälen nur zu Zeiten, wo die letzteren eine Konzentration der Schmutzstoffe aufweisen, welche mit derjenigen deutscher städtischer Abwässer gut übereinstimmt. Die nachstehende Tabelle enthält die uns für den Vergleich in der Litteratur zur Verfügung stehenden Zahlen, die übrigens als äußerst lückenhaft zu bezeichnen sind. Systematische Untersuchungen würden für die einzelnen Städte ohne Zweifel ganz andere, teils weit höhere, teils aber auch weit niedrigere Werte ergeben.

Tabelle 13.

Namen der Stadt	Kaliumpermanganatverbrauch in mg pro 1 l	Bemerkungen
Allenstein [1]	514,2	Mittel von 258,7 mg und 769,6 mg
Berlin [2]	413,2	Mittel von 4 Jahren Sommer u. Winter
Breslau [3]	233,7	» » 8 » » » »
Essen [4]	371,6	„ » 4 Probenahmen
Potsdam [5]	738,8	» » 2 »
Freiburg i./Br. [6] . .	146,1	im Mittel
Kiel [7]	385,7	Mittel genommen von 13 Sielausflüssen
Leipzig [8]	355,4	1 Probe vom 8. Juni 1901
Marburg [9]	105,6	1 Probe vom 12. August 1897
Pankow [10]	802,6	Mittel von 4 Proben vom 7. Juni 1898
Wiesbaden [11] . . .	395,0	1 Probe vom 12. Juli 1898
Hamburger Klärversuchsanlage . . .	376,2	Mittel aus 82 Proben der zu den Versuchen benutzten Rohwässer.

[1] Vierteljahrsschr. f. ger. Med. 1901, Suppl.-Bd. XXI, S. 270. — [2] König, Verunreinigung der Gewässer, 1899, II, S. 41. — [3] König, Dasselbe, S. 41. — [4] König, Dasselbe, S. 108. — [5] König, Dasselbe, S. 108. — [6] König, Dasselbe, S. 43. — [7] Bernh. Fischer, Letzte Verunreinigung des Kieler Hafens 1896. — [8] Nach eigener Untersuchung. — [9] Vierteljahrsschr. f. ger. Med., 1901, Suppl.-Bd. XXI, S. 259. — [10] Allg. Städtereinig.-Ges., Gutachten von Bischoff. — [11] Allg. Städtereinig.-Ges., Gutachten von Fresenius.

Daſs zur Beurteilung der Konzentration normaler städtischer Abwässer die Ergebnisse der Oxydierbarkeitsbestimmung ebenso gut ausreichen wie diejenigen der übrigen bekannten Untersuchungsmethoden, haben wir weiter oben des näheren begründet.

Zum Überfluſs mag noch auf das Kapitel IX verwiesen werden, welches den Nachweis dafür erbringt, daſs selbst solche industrielle Wässer, die anerkanntermaſsen der Reinigung weit gröſsere Schwierigkeiten entgegenstellen als selbst die konzentriertesten städtischen Schmutzwässer, der erfolgreichen Behandlung durch das Oxydationsverfahren zugänglich sind.

Wenn wir wiederholt von »normalen städtischen Abwässern« gesprochen haben, so meinen wir damit Abwässer, die sich vorwiegend aus den häuslichen Brauchwässern zusammensetzen. Bekanntlich überwiegt in manchen städtischen Abwässern nicht der Charakter der häuslichen Abwässer, sondern derjenige gröſserer industrieller Betriebe. Da nun in den städtischen Abwässern nur die Schmutzstoffe, welche sich in den Haushaltungen ergeben, einen annähernd konstanten Faktor bilden, der freilich infolge des verschieden groſsen Wasserkonsums gewissen Schwankungen unterworfen ist, die Abwässer von Fabriken dagegen in kaum zwei Städten auch nur annähernd übereinstimmen dürften, so sind wir der Auffassung, daſs grundlegende Versuche, die sich mit der Reinigung städtischer Abwässer befassen, stets ausgehen sollten von der Behandlung häuslicher Abwässer. Die Reinigung von Fabrikabwässern, bezw. von Gemischen derselben mit häuslichen Abwässern bildet eine Aufgabe für sich, die nur von Fall zu Fall gelöst werden kann und deren Ergebnisse eine Verallgemeinerung nicht zulassen.

Insofern darf unsere Hamburger Klärversuchsanlage, wie wir entgegen allen anderweitigen Behauptungen auf das entschiedenste erklären, als ganz besonders geeignet angesehen werden zur Durchführung von Versuchen wie den nachstehend beschriebenen. Die erzielten Ergebnisse sind gröſstenteils direkt übertragbar auf Städte, in denen der Charakter der häuslichen Schmutzwässer überwiegt.

Bei den seit November 1897, mithin seit reichlich $3\frac{1}{2}$ Jahren, unausgesetzt fortgeführten Prüfungen des Oxydationsverfahrens haben wir uns in erster Linie die Beantwortung folgender Fragen zum Ziel gesetzt:

1. Gelingt es thatsächlich durch mehrstündige Einwirkung eines Oxydationskörpers städtische Abwässer auſser von den ungelösten auch von den gelösten fäulnisfähigen Substanzen in solchem Grade

zu befreien, daſs das erhaltene Produkt der stinkenden Fäulnis überhaupt nicht mehr zugänglich ist?

2. Werden die Ergebnisse bei Dauerversuchen mit der Zeit
schlechter?

3. Wie lange bleibt ein Oxydationskörper funktionsfähig, wenn
man ihn täglich einmal, bezw. zweimal, bezw. mehrere Male mit Abwässern füllt?

4. Welches Material eignet sich am besten zum Aufbau der
Oxydationskörper, und welche Betriebsweise führt zu den besten
Resultaten?

5. Weist das doppelte Oxydationsverfahren Vorzüge auf gegenüber dem einfachen Verfahren?

6. Wie läſst sich ein Oxydationskörper nach eingetretener Verschlammung wieder regenerieren?

7. Wie verhält sich das Oxydationsverfahren im Vergleich zu
anderen bekannten Reinigungsverfahren in Bezug auf den Kostenpunkt?

In den nachfolgenden Berichten haben wir auf die Beantwortung
dieser sieben Hauptfragen, soweit es nach dem derzeitigen Stande der
Versuche möglich war, besonderes Gewicht gelegt.

Soweit angängig, sind die wichtigeren Versuche in gröſserem
Maſsstabe durchgeführt, d. h. Oxydationskörper bis zu einer Gröſse
von 100 cbm Rauminhalt verwendet worden. An derartigen Versuchen
sind bislang vier zu verzeichnen (A—C und Q), und zwar dauerte der
Versuch A, der wesentlich einen orientierenden Charakter hatte, etwa
sechs Monate. Der Versuch B wurde 25 1/2 Monat ununterbrochen
durchgeführt. Derselbe befaſst sich mit dem sogenannten einfachen
Oxydationsverfahren, d. h. die Abwässer passierten nur einen Oxydationskörper. Bei diesem Versuche erfolgte die Füllung des Oxydationskörpers täglich nur einmal. Der Versuch C behandelt ebenfalls
das einfache Oxydationsverfahren, jedoch mit dem Unterschiede gegenüber dem Versuch B, daſs der Oxydationskörper täglich zweimal mit
Abwässern gefüllt wurde. Dieser Versuch dauerte 13 Monate. Durch
diese drei gröſseren Versuche, denen sich noch kleinere, unten beschriebene Versuche anschlieſsen, wurde das einfache Oxydationsverfahren geprüft. Das doppelte Oxydationsverfahren, bei welchem die
Abwässer nacheinander zwei Oxydationskörper passieren, ist in einer
gröſseren Serie von Versuchen geprüft worden, die sich weiter unten
beschrieben finden. Der oben schon erwähnte Versuch Q schlieſslich,
welcher vor neun Monaten begonnen wurde, befaſst sich mit der
Prüfung des Faulverfahrens.

Die nachstehende Übersicht dürfte eine Orientierung über die
Anordnung und Bedeutung der einzelnen Versuche erleichtern.

Übersicht über die ausgeführten Versuche.

I. Einfaches Oxydationsverfahren.

(Versuche A—C.)

Oxydationskörper: Schlacke, Korngröſse 3—7 mm.

Versuch A.

Orientierungsversuch.

Versuch B.

Füllung . . . . 1 mal täglich.
Dauer des Vollstehens . . . . . 4 Stunden.
Dauer des Leerstehens . . . . . 19 »
Dauer der Füllung und Entleerung: etwa 1 Stunde.

Versuch C.

Füllung . . . . 2 mal täglich.
Dauer des Vollstehens: 1. Tagesfüllung . . . . 4 Stunden.
                    2.   »   . . . . 2 »
Dauer des Leerstehens: Nach der 1. Tagesfüllung 4 »
                »   » 2.   »   12 »
Dauer der Füllung und Entleerung . . . etwa 1 Stunde.

II. Doppeltes Oxydationsverfahren.

Das Abwasser wird erst in einem primären, dann in einem sekundären Oxydationskörper behandelt.[1]

I. Gruppe.

(Versuche D— F.)

Zu sämtlichen drei Versuchen diente als
Primärer Körper: der Körper L-Coke, Korngröſse 10—30 mm
                                (siehe auch Versuch L).
            Füllung . . . . . . 6 mal täglich
            Dauer des Vollstehens: 10 Minuten.

Versuch D.

Sekundärer Körper: D-Schlacke, Korngröſse 3—7 mm
                Füllung . . 3 mal täglich.
       Dauer des Vollstehens: 2 Stunden.
       Dauer des Leerstehens: 2, bezw. 2, bezw. 14 Stunden.

---

[1] Einzelne primäre Körper dienten gleichzeitig zu mehreren Versuchen, deshalb sind die Versuche nachstehend nach den sekundären Körpern bezeichnet.

Versuch E.

Sekundärer Körper: E-Kies, Korngröfse 3—7 mm.

Füllung . . . . . . 2 mal täglich.

Dauer des Vollstehens: 2 Stunden.

Dauer des Leerstehens: 2, bezw. 18 Stunden.

Versuch F.

Sekundärer Körper: F-Coke, Korngröfse 3—7 mm.

Füllung . . . . . . 2 mal täglich.

Dauer des Vollstehens: 2 Stunden.

Dauer des Leerstehens: 2, bezw. 18 Stunden.

II. Gruppe.

(Versuche G—K.)

Primäre Körper: M—P.

M-Coke,   Korngröfse 10—30 mm.

N-Schlacke,   »   10—30 »

O-Kies,   »   10—30 »

P-Ziegel,   »   10—30 »

Sekundäre Körper: G—K.

G-Schlacke,   Korngröfse 5—10 mm.

H-Coke,   »   5—10 »

J-Kies,   »   5—10 »

K-Kies + 1 % Eisendrehspäne, »   5—10 »

Versuch G.

Primärer Körper: N-Schlacke, Korngröfse 10—30 mm.

Füllung . . . . . . 3—6 mal täglich.

Dauer des Vollstehens: 10 Minuten.

Sekundärer Körper: G-Schlacke, Korngröfse 5—10 mm.

Füllung . . . . . . 3 mal täglich.

Dauer des Vollstehens: 2 Stunden.

Dauer des Leerstehens: 2, bezw. 2, bezw.

14 Stunden.

Versuch H.

Primärer Körper: im 1.—4. Monat: N.-Schlacke, Korngröfse

10—30 mm.

Füllung . . . . . . 3—6 mal täglich.

Dauer des Vollstehens: 10 Minuten.

Primärer Körper: im 5.—11. Monat: O-Kies, Korngröße
10—30 mm.
Füllung . . . . . . 3 mal täglich.
Dauer des Vollstehens: 2 Stunden.
Dauer des Leerstehens: 2, bezw. 2, bezw.
14 Stunden.

Sekundärer Körper: H-Coke, Korngröße 5—10 mm.
Füllung . . . . . . 3 mal täglich.
Dauer des Vollstehens: 2 Stunden.
Dauer des Leerstehens: 2, bezw. 2, bezw.
14 Stunden.

Versuch J.

Primärer Körper: im 1.—4. Monat: M-Coke, Korngröße
10—30 mm
Füllung . . . . . . 3—6 mal täglich.
Dauer des Vollstehens: 10 Minuten.

》 im 5.—11. Monat: P-Ziegel, Korngröße
10—30 mm
Füllung . . . . . . 3 mal täglich.
Dauer des Vollstehens: 2 Stunden.
Dauer des Leerstehens: 2, bezw. 2, bezw.
14 Stunden.

Sekundärer Körper: J-Kies, Korngröße 5—10 mm.
Füllung . . . . . . 3 mal täglich.
Dauer des Vollstehens: 2 Stunden.
Dauer des Leerstehens: 2, bezw. 2, bezw.
14 Stunden.

Versuch K.

Primärer Körper: M-Coke, Korngröße 10—30 mm.
Füllung . . . . . . 3—6 mal täglich.
Dauer des Vollstehens: 10 Minuten.

Sekundärer Körper: K-Kies, Korngröße 5—10 mm und 1% Eisen-
drehspäne.
Füllung . . . . . . 3 mal täglich.
Dauer des Vollstehens: 2 Stunden.
Dauer des Leerstehens: 2, bezw. 2, bezw.
14 Stunden.

III. Versuche mit Oxydationskörpern aus grobem Material.

(Versuche L—P.)

Oxydationskörper: L-Coke,   Korngröfse 10—30 mm.

M-Coke,   »   10—30 »

N-Steinkohlenschlacke,   »   10—30 »

O-Kies,   »   10—30 »

P-Ziegel,   »   10—30 »

Versuch L.

Oxydationskörper: L-Coke, Korngröfse 10—30 mm.

Füllung . . . . . .   6 mal täglich.

Dauer des Vollstehens: 10 Minuten.

Versuch M.

Oxydationskörper: M-Coke, Korngröfse 10—30 mm.

Füllung . . . . . .   3—6 mal täglich.

Dauer des Vollstehens: 10 Minuten.

Versuch N.

Oxydationskörper: N-Steinkohlenschlacke, Korngröfse 10—30 mm.

Füllung . . . . . .   3—6 mal täglich.

Dauer des Vollstehens: 10 Minuten.

Versuch O.

Oxydationskörper: O-Kies, Korngröfse 10—30 mm.

Füllung . . . . . .   3 mal täglich.

Dauer des Vollstehens: 2 Stunden.

Dauer des Leerstehens: 2, bezw. 2, bezw.

14 Stunden.

Versuch P.

Oxydationskörper: P-Ziegel, Korngröfse 10—30 mm.

Füllung . . . . . .   3 mal täglich.

Dauer des Vollstehens: 2 Stunden.

Dauer des Leerstehens: 2, bezw. 2, bezw.

14 Stunden.

I. Einfaches Oxydationsverfahren.

(Versuche A—C.)

Oxydationskörper: Schlacke, Korngröfse 3—7 mm.

Der Versuch A wurde im Becken 2, die Versuche B und C gleichzeitig unter Benutzung der Becken Nr. 1 und 2 ausgeführt. Für die drei Versuche waren die Oxydationskörper in völlig übereinstimmender

Weise folgendermafsen hergestellt: Auf dem Grunde der Becken wurden in etwa 2 m weiten Abständen Ziegelsteine zu Kanälen lose so zusammengestellt, dafs zwischen je zwei der auf die Längskante gestellten Steine eine etwa 1 cm weite Lücke blieb, während das Lumen des Kanals selbst 8 cm weit war.

Bis zur oberen Kante der in den Kanalwandungen gelassenen Öffnungen wurde das Becken mit walnufsgrofsen Schlackestücken angefüllt, darüber bis zu einer Höhe von 1 m mit Schlackestücken, welche durch ein Sieb von 7 mm Maschenweite hindurchfielen und auf einem Sieb von 3 mm Maschenweite liegen blieben.[1])

Die Schlacke entstammte der Hamburger Müllverbrennungsanstalt. Die zu behandelnden Abwässer wurden in dem Sandfang von den gröberen, schwebenden Schmutzstoffen befreit und mittels eines Systems von Rinnen gleichmäfsig über die beiden Oxydationskörper verteilt. Das aufgebrachte Abwasser versickert sofort in dem Oxydationskörper. Die Füllung desselben nahm jedesmal etwa 20 Minuten bis ½ Stunde in Anspruch. Die Oxydationskörper wurden bis zur oberen Fläche mit Abwässern gefüllt und blieben 4 Stunden gefüllt stehen. Beim Versuch C dauerte die Einwirkung periodenweise nur 2 Stunden. Darauf wurden die Schosse geöffnet und die Körper möglichst schnell entleert. Die Entleerung dauerte anfänglich etwa 10 Minuten, später. gegen Ende des 2¼ jährigen, bezw. 1 jährigen Versuches, bis zu ½ Stunde.

Unserer oben angeführten Absicht entsprechend, hätten wir zunächst die Frage zu beantworten, ob es gelungen sei, in diesen Versuchen durch das beschriebene sehr einfache Verfahren die Schmutzwässer ihrer fäulnisfähigen Eigenschaft gänzlich zu berauben. Bei Beurteilung dieser Frage wollen wir uns an dieser Stelle durch das Ergebnis der Bestimmung der äufseren Eigenschaften des gereinigten Abwassers, insbesondere durch den Geruch desselben leiten lassen. Daneben soll die Oxydierbarkeit als Anhaltspunkt dienen. Es stehen uns für jeden Versuch noch zahlreiche Gesamtanalysen zur Verfügung; deren Mitteilung und Erörterung würde aber hier zu weit führen und bleibt deshalb einer späteren Bearbeitung vorbehalten. Auf Grund unserer jahrelangen Beobachtungen haben wir, wie schon erwähnt wurde, die Überzeugung gewonnen, dafs die meisten Abwässer, insbesondere auch die zu den in Frage stehenden Versuchen verwendeten, in ein geruchloses, bezw. höchstens schwach moderig riechendes Produkt verwandelt

---

[1]) Bei späteren Analysen der Korngröfsen stellte sich heraus, dafs 18 % des Materials aus Körnern bestanden, die einen Durchmesser von mehr als 7 mm hatten. Diese Erscheinung ist auf Bildung von Eisenoxydhydrat aus vorhandenen Stücken metallischen Eisens zurückzuführen.

4*

sind, welches beim Stehen an der Luft der stinkenden Fäulnis nicht
anheimfällt, sondern sogar den moderigen Geruch, soweit er vorhanden
war, bald verliert, sofern die ursprüngliche Oxydierbarkeit des Abwassers durch das Oxydationsverfahren um 60—65 % herabgesetzt ist.

Bei Herabsetzung der Oxydierbarkeit um etwa 50—60 % begegnet
man schon häufig Produkten, die auch nur stark moderig, bezw. kohlartig riechen. Auch diese letzteren Proben werden beim Stehen an
der Luft geruchlos, nachdem sie vorübergehend einen moderigen Geruch
aufgewiesen haben. Die Proben, bei denen die Herabsetzung der
Oxydierbarkeit weniger als 50 % beträgt, weisen häufig einen fauligen
Geruch auf.

Die Oxydierbarkeit der zu behandelnden Abwässer schwankt
bekanntlich von Tag zu Tag bis um 100 % und mehr. Dementsprechend zeigen die abfliefsenden gereinigten Produkte selbst bei
gleichbleibenden prozentualen Reinigungserfolgen ähnliche Schwankungen in ihrer Oxydierbarkeit. Trotzdem läfst die Beurteilung des
Reinigungserfolges nach den eben angeführten Ergebnissen der prozentualen Berechnung kaum jemals im Stiche.

Von einer Beschreibung des Versuches A, der, wie schon
angeführt, nur orientierenden Charakter hatte und schon in den angeführten Veröffentlichungen besprochen worden ist, sehen wir an dieser
Stelle ab.

Versuch B.

Oxydationskörper: Schlacke, Korngröfse 3—7 mm.

Füllung . . . . 1 mal täglich.
Dauer des Vollstehens . . . . . 4 Stunden.
Dauer des Leerstehens . . . . . 19 Stunden.
Dauer der Füllung und Entleerung etwa 1 Stunde.

Die Zusammenstellung auf Seite 53 gibt Aufschlufs über die mitt-
leren Ergebnisse für jeden einzelnen der in Frage kommenden 26 Betriebsmonate. Sie zeigt, dafs die Herabsetzung der Oxydierbarkeit der
Abflüsse in der Regel etwa 70 % beträgt, gelegentlich etwas geringer,
gelegentlich etwas höher ist. Die Abflüsse riechen deshalb, unserer
weiter oben stehenden Darlegung entsprechend, in der Regel mit wenigen
Ausnahmen erdig, bezw. moderig. Die Abwässer sind durch dieses
Verfahren stets der Eigenschaften beraubt, die sie befähigen, der
stinkenden Fäulnis anheimzufallen.

Die Tabelle zeigt gleichzeitig, dafs der Durchsichtigkeitsgrad der
gereinigten Abwässer in der Regel kein sehr hoher ist. Die Bestimmung
der Durchsichtigkeit geschieht nach einer Methode, die nicht überall
benutzt wird. Vergleichsweise mag deshalb angeführt sein, dafs das
Wasser der Elbe oberhalb Hamburgs, nach derselben Methode geprüft,

einen Durchsichtigkeitsgrad von 4—30 cm aufweist. Die Durchsichtigkeit der Abflüsse aus unseren Oxydationskörpern schwankte
zwischen 4½ bis annähernd 9 cm, in der Regel betrug sie etwa
5—6 cm.

Tabelle 14.

Betriebs-monat	Durchsichtig-keit in cm		Geruch		Oxydierbarkeit		
					Kal.-Permanga-natverbrauch mg pro Liter (filtriert)		Ab-nahme in %
	R[1]	Sch[2]	R	Sch	R	Sch	
1	1,8	6,3	fäkalisch	modrig bis kohlartig	357	115	67,8
2	1,4	5,4	»	erdig bis modrig	358	100	72,1
3	1,5	6,6	»	erdig bis schwach kohl-artig	288	86 ·	70,1
4	1,7	6,5	»	erdig bis modrig	384	108	71,9
5	1,8	6,3	»	erdig b. schwach modrig	353	99	71,9
6	2,2	7,4	»	erdig-modrig	359	109	69,6
7	1,5	5,9	»	modrig	318	113	64,5
8	2,0	7,1	»	modrig bis schwach kohlartig	368	98	73,4
11	2,3	8,4	»	modrig	365	95	74,0
12	1,9	5,2	»	erdig bis modrig	306	96	68,6
13	1,4	4,4	»	modrig bis stark modrig	366	101	72,4
14	1,7	4,8	»	erdig bis stark modrig	336	116	65,5
15	1,4	5,5	»	modrig	388	103	73,5
16	1,2	5,6	»	»	451	100	77,8
17	1,6	4,7	»	modrig bis stark modrig	457	122	73,3
18	2,1	7,6	»	modrig	459	114	75,2
19	2,1	6,2	»	»	406	111	72,6
20	1,8	5,9	»	»	376	99	78,7
21	2,3	7,7	»	»	416	111	73,3
22	2,8	6,2	»	modrig bis stark modrig	387	117	69,8
23	1,5	4,5	»	modrig	354	121	65,8
24	2,3	5,5	»	»	386	123	68,1
25	1,8	8,7	»	»	455	109	76,0
26	1,0	5,8	»	»	355	98	72,4

1 : R = Rohwasser; 2 : Sch = Schlackenabfluſs, d. h. gereinigtes Abwasser.

Die beiden ersten der am Eingang dieses Kapitels
aufgeworfenen Fragen sind dahin zu beantworten, daſs
dieser Oxydationskörper in mehr als 2jährigem Betriebe
regelmäſsig im stande war, innerhalb 4 Stunden die eingeleiteten Abwässer von den Substanzen zu befreien,
welche sie befähigen, der stinkenden Fäulnis anheim zu
fallen. Der Reinigungseffekt nahm im Laufe des Versuches nicht ab.

Unsere dritte Frage, welche sich auf die Dauer der Betriebs-
fähigkeit des Oxydationskörpers bezieht, ist dahin zu beantworten,
daß die Aufnahmefähigkeit des Oxydationskörpers B im Laufe des
2jährigen Versuches um etwa 40 % abnahm.

Tabelle 15.

Anzahl der Füllungen	Aufnahmefähigkeit pro 1 cbm Material		Abnahme des Poren- volumens in %	Bemerkungen
	in Litern f. 1 Füllung	in cbm für je 50 Tage		
1— 50	319	15,95		Ursprüngliches Poren-
51—100	292	14,6		volumen pro cbm Ma-
101—150	292	14,6		terial = 330 l
151—200	303	15,15	8,2	
201—250	301	15,05		
251—300	274	13,7	17,0	
301—350	272	13,6		
351—400	285	14,25	13,6	
401—450	266	13,3	19,4	
451—500	260	13,0		
501—550	258	12,9	21,8	
551—600	251	12,55		
601—650	222	11,1	32,7	
651—700	199	9,95	39,7	

Die vorstehende Tabelle zeigt, wie diese Abnahme der quantitativen Leistungsfähigkeit infolge der fortschreitenden Verschlammung
des Oxydationskörpers ganz allmählich und gleichmäfsig vor sich ging.
Die Aufnahmefähigkeit ist jedesmal auf 1 cbm des Oxydationskörpers
berechnet. Bei Beginn des Versuches vermochte 1 cbm dieser Schlacke
330 l Wasser zu fassen. Diese Angabe bezieht sich auf die vorher
benetzte Schlacke, welche weit weniger Wasser aufzunehmen vermag
als trockenes Material. Die durchschnittliche Aufnahmefähigkeit betrug
bis zur 50. Füllung 319 l pro Kubikmeter, bis zur 100. Füllung 292 l.
Mit geringen Schwankungen sank dann die Aufnahmefähigkeit entsprechend weiter. Nach Ablauf eines Jahres vermochte 1 cbm Schlacke
noch 285 l zu fassen, nach Ablauf von 2 Jahren etwa 200 l.

Die dritte Rubrik auf unserer Tabelle zeigt, wie sich die Abnahme
der quantitativen Leistungsfähigkeit, in Kubikmetern ausgedrückt,
stellt. Pro Kubikmeter des Oxydationskörpers wurden während der
ersten 50 Füllungen 15,95 cbm Abwasser behandelt, in den darauf
folgenden 50 Füllungen 14,60 cbm, nach Ablauf eines Jahres noch
14,25 cbm, nach Ablauf von 2 Jahren noch etwa 10 cbm.

Nach dem oben Gesagten nimmt ein frischer Oxydationskörper bei jeder Füllung etwa $^1/_3$ seines Volumens an Abwässern auf. Der Oxydationskörper müfste also, wenn er täglich einmal gefüllt werden sollte, 3 mal so grofs gebaut werden, als das Maximum der täglich zu behandelnden Abwassermengen beträgt.

Soll der Oxydationskörper 1 Jahr ununterbrochen betrieben werden, so müfste dieser nach unseren obigen Angaben um $^1/_6$ gröfser angelegt werden; für jeden Kubikmeter täglich zu behandelnden Abwassers müfsten 3,5 cbm Oxydationsmaterial vorgesehen werden. Soll der Oxydationskörper 2 Jahre hindurch ununterbrochen täglich gefüllt werden, so müfste für jeden Kubikmeter der täglichen Abwassermenge etwa 5 cbm Oxydationskörper vorgesehen werden.

Wir werden weiter unten noch zu zeigen haben, dafs es sich nur in seltenen Fällen empfehlen wird, diese Betriebsweise zu wählen, und dafs, wenn man eine täglich einmalige Füllung des Oxydationskörpers vornehmen will, es sich in der Regel empfiehlt, die Regenerierung desselben nicht nach Ablauf von 2 Jahren, sondern nach etwa einem Jahre vorzunehmen.

Was nun unsere sechste Frage anbetrifft, nämlich die Möglichkeit, dem teilweise verschlammten Oxydationskörper seine volle Aufnahmefähigkeit wieder zu verleihen, so haben alle unsere dahin gerichteten Versuche in eindeutiger Weise gezeigt, dafs der sich bildende Schlamm den einzelnen Körnern des Materials nur sehr lose anhaftet, sich durch eine einfache Abspülung vollständig beseitigen läfst, sowie dafs durch Vornahme dieser Mafsregel dem Oxydationskörper in quantitativer Beziehung seine ursprüngliche Leistungsfähigkeit zurückgegeben wird, und dafs in Bezug auf qualitative Leistungsfähigkeit der regenerierte Körper vor einem völlig frischen Material den Vorzug hat, dafs die Einarbeitungsperiode kürzer ausfällt, so dafs er schon in den ersten Tagen nach Wiederaufnahme des Betriebes im stande ist, die Abwässer von ihrer Fäulnisfähigkeit zu befreien.

Versuch C.

Oxydationskörper: Schlacke, Korngröfse 3—7 mm.
  Füllung 2 mal täglich.
  Dauer des Vollstehens: 1. Tagesfüllung 4 Stunden,
                   2.   »   2   »
  Dauer des Leerstehens: Nach der 1. Tagesfüllung 4 Stunden,
                   »   » 2.   »   12   »
  Dauer der Füllung und Entleerung etwa 1 Stunde.

Tabelle 16.

Betriebs-monat	Durchsichtig-keit in cm		Geruch		Oxydierbarkeit		
					Kal.-Permanga-natverbrauch mg pro Liter (filtriert)		Ab-nahme in %
	R¹	Sch²	R	Sch	R	Sch	
1	2,2	4,8	fäkalisch	—	342	92	73,1
2	2,3	5,0	»	modrig	367	84	77,1
3	1,7	5,6	»	»	407	88	78,4
4	2,2	5,8	»	»	322	71	77,9
5	2,1	5,7	»	»	347	96	72,3
6	2,2	5,8	»	»	421	73	82,6
7	2,1	7,1	»	»	351	97	72,4
8	2,3	6,7	»	modrig nach Eisen	381	78	79,5
9	2,6	6,7	»	» » »	368	81	78,0
10	2,5	5,3	»	» » »	355	92	74,1
11	1,6	4,1	»	» » »	330	100	69,7
12	1,8	4,5	»	modrig	367	63	82,8
13	2,1	5,8	»	»	394	67	83,0
14	1,5	5,0	»	»	282	83	70,6

1 : R = Rohwasser.   2 : Sch = Schlackenabfluſs.

Aus der vorstehenden Tabelle läſst sich entnehmen, daſs die Her-absetzung der Oxydierbarkeit in den 14 Betriebsmonaten zwischen etwa 70 und 80% schwankt; sie war in der Regel etwas gröſser als bei einmaliger Füllung pro Tag. In absoluten Zahlen ausgedrückt, lag auch die Oxydierbarkeit der Abflüsse bis auf eine Ausnahme stets unter 100 mg. Dementsprechend weisen die erzielten Produkte niemals einen unangenehmen, sondern stets einen moderigen Geruch auf, etwa wie das Wasser unserer öffentlichen Gewässer, die aus moorigen Gegen-den kommen.

Die Durchsichtigkeit der Abflüsse war bei 2 mal täglicher Füllung etwas geringer als bei 1 mal täglicher Füllung; es hängt dies, wie weiter oben schon gezeigt wurde, mit den sich intensiver entfaltenden Verwitterungsprozessen zusammen. Die Abnahme der Durchsichtigkeit kann als ein direkter Ausdruck für die Erhöhung der Eisenausscheidung angesehen werden.

In Fällen, wo man Wert darauf zu legen hat, daſs die Abflüsse der Reinigungsanlage vollständig klar und blank sind, wird man das Produkt der Oxydationskörper noch einem Filtrations- resp. Enteisenungs-prozeſs zu unterwerfen haben (siehe Kapitel VI).

Das Resultat dieses mit mehr forcierter Betriebsweise geleiteten Versuches kann in qualitativer Beziehung als ein dauernd gutes bezeichnet werden.

Tabelle 17.

Anzahl der Füllungen	Aufnahmefähigkeit pro 1 cbm Material			Abnahme des Porenvolumens in %	Bemerkungen
	in Litern für 1 Füllung	1 Tag	in cbm für je 25 Tage		
1— 50	389	778	19,45		Ursprüngliches Poren-
51—100	358	716	17,90		volumen pro cbm
101—150	325	650	16,25		Material = 409 l
151—200	303	606	15,15	25,9	
201—250	285	570	14,25		
251—300	268	536	13,40		
301—350	237	474	11,85		
351—400	235	470	11,75	42,5	
401—450	231	462	11,55		
451—500	207	414	10,35		
501—550	184	368	9,20	55,0	
551—600	161	322	8,05		
601—650	171	342	8,55		
651—700	148	296	7,40	63,8	

Bei Inbetriebnahme dieses zweiten Oxydationskörpers betrug seine Aufnahmefähigkeit 409 l pro cbm Schlacke. Bis zur 50. Füllung betrug die Aufnahmefähigkeit durchschnittlich 389 l pro cbm. Nach etwa 350 Füllungen vermochte 1 cbm Schlacke nur noch 237 l pro cbm Abwasser aufzunehmen. Die Verschlammung dieses Körpers ging also mehr als doppelt so schnell vor sich, als es bei täglich einmaliger Füllung der Fall war. Nach 700 Füllungen vermochte 1 cbm Schlacke noch 148 l aufzunehmen. Die Aufnahmefähigkeit hatte also um 63,8 % abgenommen, während bei täglich einmaliger Füllung die Abnahme der Aufnahmefähigkeit nach ebenso vielen Füllungen nur 39,7 % betragen hatte.

Wollte man auf Grund dieser Ergebnisse einen Oxydationskörper konstruieren, der täglich 2 mal beschickt und erst nach Ablauf eines Jahres gereinigt werden sollte, so müßte der Oxydationskörper etwa 3 mal so groß hergestellt werden, als es bei der Inbetriebnahme notwendig war.[1]) Wollte man die Reinigung des Oxydationskörpers nach

---

[1]) Bei dieser Berechnung gehen wir von dem Gesichtspunkte aus, daß nur ein Oxydationskörper vorhanden wäre. In der Praxis würden bei der Herstellung solcher Anlagen immer mehrere Körper herzustellen sein, die alternierend gereinigt werden. Für die Berechnung der grundlegenden Verhältnisse empfiehlt es sich jedoch, schematisch nur einen Oxydationskörper zu Grunde zu legen.

Ablauf etwa eines halben Jahres vornehmen, so würde für jeden cbm der täglich zu behandelnden Abwassermenge etwa die 2 fache Menge des Oxydationsmaterials vorzusehen sein.

Die Regenerierung des Oxydationskörpers gelang nach Abschluß des besprochenen Versuches ebenso leicht, wie bei der täglich einmaligen Füllung. Die quantitative Leistungsfähigkeit wurde dadurch auf annähernd das ursprüngliche Maß zurückgeführt. In betreff der erhaltenen Schlammmenge und der Beschaffenheit des Schlammes verweisen wir hier, wie bei den später zu beschreibenden Versuchen, auf das Kapitel VII.

Bei 2 mal täglicher Beschickung der Oxydationskörper bilden sich beträchtlich größere Mengen Kohlensäure als bei täglich 1 maliger Beschickung. Die Folge davon war, wie schon gesagt, ein erheblicher Anstieg der Verwitterungsprozesse, die am auffallendsten in der Gestalt von Eisenausscheidungen zur Geltung kamen. Wir haben den Eindruck gewonnen, daß eine größere quantitative Inanspruchnahme der Oxydationskörper, als sie bei täglich 2 maliger Beschickung erfolgte, sich durchaus nicht empfehlen wird, und daß wir mit der täglich 2 maligen Beschickung die maximale Leistungsfähigkeit des Körpers erreicht haben, sofern der Körper etwa $1/2$ Jahr hindurch täglich 2 mal mit Abwässern gefüllt werden soll. Eine Überanstrengung der Körper für kürzere Betriebsperioden ist, wie noch gezeigt werden soll, ganz anders zu beurteilen.

Die von manchen englischen Autoren empfohlene 3 malige Füllung der Oxydationskörper pro Tag bedeutet, sofern es sich um das einfache Oxydationsverfahren handelt, ohne Zweifel eine beträchtliche Überanstrengung der Anlage und empfiehlt sich deshalb praktisch durchaus nicht.

Um nun aber der Frage näher zu treten, ob man die große Ausdehnung, welche die Oxydationskörper gewinnen würden, die täglich nur 1—2 mal mit Abwässern beschickt werden sollten, nicht dennoch ohne Nachteil einschränken könnte, haben wir folgende Versuche angestellt.

II. Doppeltes Oxydationsverfahren.
I. Gruppe.
(Versuche D—F.)

Primärer Körper: L-Coke, Korngröße 10—30 mm.
       Füllung . . . . . 6 mal täglich.
       Dauer des Vollstehens: 10 Minuten.
Sekundäre Körper: D—F.
       D-Schlacke, Korngröße 3—7 mm.
       E-Kies,   »   3—7 »

F-Coke, Korngröfse 3—7 mm.
Füllung bei D: 3 mal täglich.
    » E u. F: 2 mal täglich.
Dauer des Vollstehens: 2 Stunden.
Dauer des Leerstehens bei D: 2, bezw. 2, bezw. 14 Stunden.
    » E u. F: 2, bezw. 18 Stunden.

Die aus dem Sandfang abfliefsenden Abwässer werden in den primären Körper geleitet, wo sie 10 Minuten stehen bleiben, darauf werden sie in den sekundären Körper gebracht, in dem sie 2 Stunden verbleiben. Demnach war die Gesamtdauer der Behandlung eine kürzere als bei dem einfachen Verfahren, wo sie bei täglich einmaliger Füllung 4 Stunden dauerte. Obgleich bei dem doppelten Verfahren die Einwirkungsdauer also nur eine etwa halb so lange war, sind die erzielten Reinigungseffekte doch ebenso günstig ausgefallen wie bei dem ein-fachen Verfahren. Die nachstehende Tabelle zeigt, dafs durch das Passieren des primären Körpers die Oxydierbarkeit um etwa 30—40% herabgesetzt wurde, die Abwässer jedoch einen schwach fäkalischen Geruch beibehielten. Beim Stehen an der Luft bildete sich in ihnen noch Schwefelwasserstoff. Fische hielten sich in den Abflüssen des primären Körpers etwa 2 bis 6 Stunden, während sie im Rohwasser stets sofort zu Grunde gingen (siehe auch Versuch L).

Tabelle 18.

Betriebs-monat	Durchsichtig-keit in cm		Geruch		Oxydierbarkeit		
					Kal.-Permanga-natverbrauch mg pro Liter (filtriert)		Ab-nahme in %
	R¹	C²	R	C	R	C	
1	1,5	2,4	fäkalisch	kohlartig-schwach fäk.	281	194	31,0
2	1,8	2,6	»	schwach fäkalisch	275	180	84,5
3	1,8	5,0	»	» »	314	170	45,9
4	1,5	2,0	»	» »	329	245	25,5
5	1,9	2,9	»	schwach fäk.-kohlartig	310	200	85,5
6	1,7	3,4	»	modrig-schwach fäkal.	336	219	84,8
7	2,4	3,5	»	» » »	326	222	81,9
8	3,0	3,7	»	schwach fäkalisch	376	212	48,6
9	2,8	3,8	»	» »	843	224	84,7
10	2,2	3,0	»	» »	852	248	29,5
11	1,4	1,8	»	» »	231	186	19,5
1 Monat Lüftungsperiode							
12	1,9	2,7	fäkalisch	stark modrig	289	205	29,1
13	2,5	3,8	»	schwach fäkalisch	800	182	39,3
14	2,0	2,5	»	» »	851	199	43,8
15	1,4	2,7	»	» »	827	202	38,2

1 : R = Rohwasser; 2 : C = Cokeabflufs.

Versuch D.

Primärer Körper: L-Coke, Korngröfse 10—30 mm.

Füllung . . . . . . 6 mal täglich.

Dauer des Vollstehens: 10 Minuten.

Sekundärer Körper: D-Schlacke, Korngröfse 3—7 mm.

Füllung . . . . . . 3 mal täglich.

Dauer des Vollstehens: 2 Stunden.

Dauer des Leerstehens: 2, bezw. 2, bezw. 14 Stunden.

Die nachstehende Tabelle gibt Aufschlufs über die Veränderungen, welche das Abwasser in Bezug auf Oxydierbarkeit und äufsere Beschaffenheit nach der Einwirkung des sekundären Schlackenkörpers erfahren hat.

Tabelle 19.

Betriebs-monat	Durchsichtig-keit in cm		Geruch		Oxydierbarkeit		
					Kal.-Permanganatverbrauch mg pro Liter (filtriert)		Abnahme in %
	R[1]	Sch[2]	R	Sch	R	Sch	
1	1,5	4,5	fäkalisch	ammoniakalisch-schwach faulig	281	111	60,5
2	1,8	6,6	»	modrig-stark modrig	275	64	76,7
3	1,8	8,5	»	modrig	314	67	78,7
4	1,5	8,1	»	»	329	68	79,3
5	1,9	6,9	»	erdig-modrig	310	84	72,9
6	1,7	6,8	»	» »	336	89	73,5
7	2,4	7,7	»	modrig	326	83	74,5
8	3,0	7,5	»	»	376	85	77,4
9	2,8	8,0	»	»	343	96	72,0
10	2,2	7,6	»	»	352	115	67,3
11	1,4	3,2	»	»	231	70	69,7
			1 Monat Lüftungsperiode				
12	1,9	3,2	fäkalisch	modrig	289	59	79,6
13	2,5	6,8	»	»	300	60	80,0
14	2,0	3,6	»	»	351	65	81,5
15	1,4	6,5	»	»	327	80	75,5

1 : R = Rohwasser; 2 : Sch = Schlackenabflufs.

Die Oxydierbarkeit der Abwässer wurde durchschnittlich um 74,6 % herabgesetzt. Pro Liter verbrauchten diese Abflüsse durchschnittlich 79,7 mg Kaliumpermanganat; sie hatten einen erdigen bis moderigen Geruch und verfielen beim Stehen an der Luft nicht der stinkenden Fäulnis, sondern verloren bald die erwähnten beiden Geruchsnuancen vollständig.

Die Durchsichtigkeit der Abflüsse aus dem sekundären Körper erreichte gelegentlich etwa 8 cm, sank jedoch vom 11. Betriebsmonat an erheblich infolge der zunehmenden Eisenausscheidung. Beim Stehen an der Luft schlug sich das gelöste, bezw. suspendierte Eisen jedoch im Laufe von 3—4 Tagen nieder unter vollständiger Klärung der Proben, die nachher völlig farblos, klar und blank waren.

War hiernach das erhaltene Produkt trotz des mehr forcierten Betriebes dauernd etwa ebenso gut wie das durch das einfache Verfahren erzielte, so käme nunmehr in Frage, wie lange ein solcher Betrieb sich rationeller Weise aufrecht erhalten läfst. Die Tabelle 21 gibt Aufschlufs darüber.

Tabelle 20.
Primärer Körper L.

Anzahl der Füllungen	Aufnahmefähigkeit pro 1 cbm Material in einer Füllung		
	Original-Material	Nach I. Waschung	Nach II. Waschung
1— 100	378,5	403	470
101— 200	353	394,5	429
201— 300	318	388	359
301— 400	291,5	359	372
401— 500		337,5	369
501— 600		302	339,5
601— 700		278,5	300
701— 800		232	
801— 900		222	
901—1000		190	
1001—1100		178	

Was zunächst den primären Körper anbetrifft, so vermochte jeder Kubikmeter desselben anfänglich 378,5 l, nach 400 Füllungen nur noch 291,5 l zu fassen. Nunmehr wurde dieser primäre Körper durch Abspülen gereinigt. Die dadurch erzielte Aufnahmefähigkeit überstieg die anfängliche nicht unerheblich; denn nach erfolgter Reinigung vermochte jeder Kubikmeter des Materials 403 l Abwasser zu fassen. Die so erzielte Aufnahmefähigkeit hielt sich, wie die Tabelle 20 zeigt, auch besser als vor der Waschung. Nachdem jedoch der Körper 1100 mal gefüllt worden war, fafste er nur noch 178 l pro cbm. Wir haben in diesem Falle die Reinigung absichtlich weiter hinausgeschoben, als es sich in der Praxis empfehlen würde. Die zweite Reinigung des primären Körpers hatte den Erfolg, dafs dieser pro Kubikmeter nunmehr 470 l Abwasser aufzunehmen vermochte. Bis zur 700. Füllung hielt sich die Aufnahmefähigkeit über 300 l pro Kubikmeter. Nach obigem wird es sich empfehlen, den primären Körper bei täglich 6 maliger Füllung etwa 2—3 mal im Jahr zu reinigen.

Was nun den sekundären Körper anbetrifft, so sank seine anfängliche Aufnahmefähigkeit, wie nachstehende Tabelle zeigt, von 434 l pro Kubikmeter nach 1200 Füllungen auf 172 l pro Kubikmeter. Wir haben diesen Oxydationskörper 400 Tage hindurch täglich 3 mal gefüllt, ohne ihn inzwischen zu reinigen. Während des ganzen Versuches ruhte der Körper nur 2 mal und zwar 8 bezw. 30 Tage.

Tabelle 21.

Anzahl der Füllungen	Aufnahmefähigkeit pro 1 cbm Material			Abnahme des Poren- volumens in %	Bemerkungen
	in Litern für 1 Füllung	1 Tag	in cbm für je 50 Füll.		
1— 50	433	1299	21,65		Ursprüngliches Poren-
51— 100	428	1284	21,4		volumen pro cbm
101— 150	382	1146	19,1		Material = 434 l
151— 200	371	1113	18,55		Füllung abwechselnd
201— 250	354	1062	17,7		von oben und von
251— 300	344	1032	17,2	20,7	unten
301— 350	381	1143	19,05		
351— 400	314	942	15,7		
401— 450	313	939	15,65		
451— 500	298	894	14,9		
501— 550	295	885	14,75	32,0	
551— 600	276	828	13,8		
601— 650	257	771	12,85		
651— 700	236	708	11,8		
701— 750	217	651	10,85		
751— 800	187	561	9,35		
801— 850	188	564	9,4	56,7	
851— 900	193	579	9,65		8 Tage Lüftung
901— 950	193	579	9,65		
951—1000	197	591	9,85		30 » »
1001—1050	186	558	9,3		
1051—1100	186	558	9,3	57,1	
1101—1150	173	519	8,65		
1151—1200	172	516	8,6	60,4	

Diese Tabelle zeigt, wie regelmäßig die Aufnahmefähigkeit des Oxydationskörpers sank. Unserer Auffassung nach wird sich eine

Regenerierung des Körpers nach etwa 200—250 Tagen empfehlen. Innerhalb einer 2 jährigen Betriebsdauer würde mithin eine 3 malige Reinigung in Frage kommen.

In dem eben beschriebenen Versuche D wurden die Abflüsse des primären Körpers durch Schlacke nachbehandelt. In den Versuchen E und F haben wir die Abflüsse desselben primären Körpers vergleichsweise auch einer Nachbehandlung mit Kies (Versuch E) und Coke (Versuch F) unterzogen. Die erzielten Resultate waren die folgenden:

Versuch E.

Primärer Körper: L-Coke, Korngröfse 10—30 mm.

> Füllung: . . . . . 6 mal täglich.
> Dauer des Vollstehens: 10 Minuten.

Sekundärer Körper: E-Kies, Korngröfse 3—7 mm.

> Füllung: . . . . . 2 mal täglich.
> Dauer des Vollstehens: 2 Stunden.
> Dauer des Leerstehens: 2 bezw. 18 Stunden.

Wie die folgende Tabelle zeigt, bezifferte sich die Herabsetzung der Oxydierbarkeit der Abflüsse im Durchschnitt auf 74,8%. Der Geruch derselben war stets erdig, bezw. erdig-moderig, was auf einen relativ hohen Reinigungseffekt schliefsen läfst. Die Durchsichtigkeit stieg gelegentlich bis auf 22 cm. Einen so hohen Durchsichtigkeitsgrad haben wir jedoch nur gehabt, solange wir den Körper ausschliefslich von oben her beschickten. Hierbei stellte sich aber die schon bei früherer Gelegenheit beschriebene Kalamität heraus, dafs der Oxydationskörper die Abwässer nicht mehr willig aufnahm. Es nahm mehr als 1 Stunde in Anspruch, den Kies zu füllen. Wir haben später, wie unter Kapitel VII noch näher dargelegt werden wird, zu dem Auskunftsmittel gegriffen, die Körper alternierend von oben und von unten zu beschicken. Dies hat den Effekt in Bezug auf Herabsetzung der Oxydierbarkeit und in Bezug auf äufsere Beschaffenheit etwas, jedoch nicht wesentlich verschlechtert. Wir waren aber während der ganzen Versuchsperiode im stande, die Beschickung des Körpers innerhalb 5—7 Minuten zu bewerkstelligen. Nach Einführung dieser Betriebsänderung stieg die Durchsichtigkeit nur selten bis auf etwa 10 cm, in der Regel lag sie zwischen etwa 5—7 cm.

Tabelle 22.

Betriebs-monat	Durchsichtig-keit in cm		Geruch		Oxydierbarkeit		
					Kal.-Permanga-natverbrauch mg pro Liter (filtriert)		Ab-nahme in %
	R¹	K²	R	K	R	K	
1	1,5	13,3	fäkalisch	erdig-modrig	281	74	73,7
2	1,8	22,0	»	erdig	275	63	77,1
8	1,8	18,8	»	»	314	63	80,0
			Material gewaschen				
1	1,9	14,8	fäkalisch	erdig-modrig	310	70	77,4
2	1,7	15,9	» /	» »	336	86	74,4
8	2,4	13,7	»	» »	326	84	74,2
4	8,0	11,3	»	» »	376	91	75,8
5	2,8	12,0	»	» »	343	57	83,4
6	2,2	9,2	»	» »	352	108	69,3
7	1,4	5,2	»	» »			
			1 Monat Lüftungsperiode				
8	1,9	5,0	fäkalisch	erdig-modrig	289	115	60,2
9	2,5	7,7	»	» »	300	71	76,3
10	2,0	7,1	»	» »	351	97	72,4
11	1,4	12,5	»	» »	327	72	78,0

1 : R = Rohwasser; 2 : K = Kiesabfluß.

Tabelle 23.

Anzahl der Füllungen	Aufnahmefähigkeit pro 1 cbm Material			Abnahme des Poren-volumens in %	Bemerkungen
	in Litern für 1 Füllung	in Litern für 1 Tag	in cbm für je 25 Tage		
1— 50	222	444	11,1		Ursprüngliches Poren-volumen pro cbm Material = 234 l
51—100	209	418	10,45		
101—150	190	380	9,5		
	Material gewaschen				
1— 50	258	516	12,90		Ursprüngliches Poren-volumen nach dem Waschen pro cbm Material = 265 l Füllung abwechselnd von oben und unten
51—100	227	454	11,85		
101—150	218	436	10,90		
151—200	221	442	11,05	16,6	
201—250	216	432	10,80		
251—800	200	400	10,0		
801—850	191	382	9,55		
851—400	148	296	7,4	44,2	
401—450	140	280	7,0		
451—500	139	278	˙6,95		Nach 1 Monat Lüf-tungsperiode
501—550	139	278	6,95	47,5	

Die Aufnahmefähigkeit des sekundären Körpers sank während 550 Füllungen von 265 auf 139 l. Die Gesamtaufnahmefähigkeit eines Kubikmeters Material betrug für 550 Füllungen 104,85 cbm. Eine einmonatliche Lüftung bewirkte nur eine nicht nennenswerte Zunahme der Aufnahmefähigkeit (siehe Tabelle 23).

Versuch F.

Primärer Körper: L-Coke, Korngröfse 10—30 mm.

Füllung . . . . . . 6 mal täglich.

Dauer des Vollstehens: 10 Minuten.

Sekundärer Körper: F-Coke, Korngröfse 3—7 mm.

Füllung . . . . . . 2 mal täglich.

Dauer des Vollstehens: 2 Stunden.

Dauer des Leerstehens: 2, bezw. 18 Stunden.

Tabelle 24.

Betriebs-monat	Durchsichtig-keit in cm		Geruch		Oxydierbarkeit		
	R[1]	C[2]	R	C	Kal.-Permanga-natverbrauch mg pro Liter (filtriert) R	C	Ab-nahme in %
1	1,5	12,7	fäkalisch	erdig-modrig	281	62	77,9
2	1,8	22,1	»	erdig	275	56	79,6
3	1,8	18,2	»	»	314	62	80,3
4	1,5	14,0	»	erdig-schwach modrig	329	65	80,2
5	1,9	15,3	»	» » »	310	72	76,8
6	1,7	9,0	»	» » »	336	86	74,4
7	2,4	13,2	»	modrig	326	71	78,2
8	3,0	11,3	»	»	376	70	81,4
9	2,8	10,2	»	erdig-modrig	343	87	74,6
10	2,2	8,7	»	» »	352	91	74,1
11	1,4	5,8	»	modrig	231	93	59,7
				1 Monat Lüftungsperiode			
12	1,9	9,0	fäkalisch	erdig-modrig	289	93	67,8
13	2,5	8,7	»	modrig	300	71	76,3
14	2,0	7,8	»	erdig-modrig	351	93	78,5
15	1,4	12,4	»	» »	327	57	82,6

1 : R = Rohwasser; 1 : C = Cokeabfluſs.

In Bezug auf die äufseren Eigenschaften entsprachen die mit dem Cokekörper erzielten Ergebnisse den mit dem Kieskörper erzielten fast vollständig. Auch bei der Coke mufsten wir alternierend von oben und von unten füllen. Dadurch wurde erreicht, dafs die Dauer des Auffüllens, die sich früher auf mehr als eine Stunde belief, hier sich sogar auf 5 Minuten reduzieren liefs. Die Abflüsse aus dem sekundären Cokekörper hatten eine durchschnittliche Oxydierbarkeit entsprechend 75,3 mg Kaliumpermanganatverbrauch. Die Abnahme der Oxydierbarkeit belief sich auf durchschnittlich 75,8 %.

Die Aufnahmefähigkeit des sekundären Körpers sank in 700 Füllungen von 360 auf 219 l pro 1 cbm Material. Die Gesamtaufnahmefähigkeit während der ganzen Zeit betrug 194,5 cbm pro cbm Coke.

Tabelle 25.

Anzahl der Füllungen	Aufnahmefähigkeit pro 1 cbm Material		Abnahme des Porenvolumens in %	Bemerkungen
	in Litern für 1 Füllung	in cbm für 1 Tag / je 25 Tage		
1— 50	351	702	17,55		Füllung von oben
51—100	336	672	16,80		
101—150	309	618	15,45		
151—200	273	546	13,65	24,2	
201—250	293	586	14,65		Füllg. v. unten, dann v. oben
251—300	293	586	14,65		v. oben, dann v. unten
301—350	300	600	15,00		Füllung tägl. abwech-
351—400	288	576	14,40	20,0	selnd v. oben u. unten
401—450	288	576	14,40		
451—500	244	488	12,20		Ursprüngliches Poren-
501—550	250	500	12,50	30,6	volumen pro 1 cbm
551—600	225	450	11,25		Material == 360 l
601—650	221	442	11,05		
651—700	219	438	10,95	39,2	

Ehe wir zur Besprechung der weiteren Versuche mit dem doppelten Oxydationsverfahren übergehen, dürfte sich ein Vergleich der oben beschriebenen Resultate mit denjenigen empfehlen, die wir mit dem einfachen Oxydationsverfahren erzielten. Bei dem doppelten Oxydationsverfahren passieren die Abwässer nacheinander zwei Körper. Würden wir also die sekundären Körper ebenso häufig wie die primären Körper beschickt haben, so wäre je 1 cbm des Oxydations-

körpers beim einfachen Oxydationsverfahren in Vergleich zu stellen
zu 2 cbm bei dem doppelten Verfahren. In den zu vergleichenden
Versuchen waren aber die primären Körper mit doppelt so grofsen
Abwassermengen beschickt worden als die sekundären bezw. mit noch
mehr. Aus diesem Grunde müssen wir nicht 2 cbm des Oxydationskörpers beim einfachen Oxydationsverfahren in Vergleich setzen zu
1 cbm sekundären Körpers beim doppelten Oxydationsverfahren, sondern die Rechnung mufs sich folgendermafsen gestalten: $\frac{1}{2}$ cbm primären Körpers + 1 cbm sekundären Körpers beim doppelten Oxydationsverfahren sind in Vergleich zu stellen zu $1\frac{1}{2}$ cbm Körper beim
einfachen Verfahren. Beim Vergleich des sekundären Körpers des
doppelten Oxydationsverfahrens mit dem Oxydationskörper beim einfachen Verfahren müssen wir mithin immer 1 cbm sekundären Körpers
vergleichen mit $1\frac{1}{2}$ cbm Körper beim einfachen Verfahren. Die Tabelle 15 zeigt, dafs beim einfachen Oxydationsverfahren und täglich
einmaliger Beschickung $1\frac{1}{2}$ cbm Oxydationkörper innerhalb des ersten
Jahres 160,3 cbm Abwasser zu reinigen vermochten. Bei zweimaliger
Beschickung reinigte das einfache Oxydationsverfahren dagegen, wie
Tabelle 17 zeigt, innerhalb des ersten Jahres pro $1\frac{1}{2}$ cbm Oxydationskörper 269,3 cbm. Bei dem doppelten Oxydationsverfahren dagegen
wurden, wie Tabelle 21 zeigt, im Versuch D 310,5 cbm in 1 cbm
sekundärem Körper $+\frac{1}{2}$ cbm primärem Körper gereinigt.

Der qualitative Effekt war bei den hier verglichenen Versuchen,
wie schon dargelegt wurde, ziemlich übereinstimmend. Das doppelte
Oxydationsverfahren erweist sich nach den eben hervorgehobenen
Beobachtungen als quantitativ leistungsfähiger als das einfache Oxydationsverfahren. Das doppelte Oxydationsverfahren könnte jedoch
trotzdem nur in dem Falle als das zweckmäfsigere bezeichnet werden,
falls auch die Entscheidung der Frage betreffend den Verschlammungs-
prozefs zu Gunsten desselben ausfallen sollte. Zur Entscheidung
dieser Frage soll eine zweijährige Betriebsperiode dem Vergleich zu
Grunde gelegt werden, mit Rücksicht darauf, dafs der Versuch B etwa
zwei Jahre dauerte.

Im Versuch B wurden in einem Zeitraum von zwei Jahren
293,5 cbm Abwasser bei täglich einmaliger Beschickung in $1\frac{1}{2}$ cbm
Oxydationskörper gereinigt, ohne dafs inzwischen eine Entschlammung
des Körpers erfolgte. Wäre dieser Oxydationskörper schon nach Ablauf des ersten Jahres gereinigt worden, so hätte er innerhalb zweier
Betriebsjahre mindestens 319,8 cbm pro $1\frac{1}{2}$ cbm Material zu reinigen
vermocht.

Beim Versuch C dagegen, d. h. ebenfalls mittels des einfachen
Oxydationsverfahrens, jedoch bei täglich zweimaliger Füllung des

5*

Körpers, lassen sich pro 1½ cbm Material innerhalb einer zweijährigen Betriebsperiode 538,6 cbm Abwasser reinigen, sofern nach Ablauf des ersten Betriebsjahres eine Entschlammung des Oxydationskörpers stattfindet. Bei dem doppelten Oxydationsverfahren schliefslich vermag man mittels 1 cbm sekundären Körpers + ½ cbm primären Körpers innerhalb einer zweijährigen Betriebsperiode 621 cbm Abwasser zu reinigen, sofern hier ebenfalls die Entschlammung nach Ablauf des ersten Jahres erfolgt.

Tabelle 26.

Vergleichende Übersicht über die quantitative Leistung des Oxydationskörpers beim einfachen und doppelten Verfahren und Vergleich der Kosten, bezogen auf 1¹/₂ cbm Oxydationskörper.

| | Einf. Verfahren Füllungen tägl. | | Doppeltes Verfahren Füllung tägl. | Bemerkungen |
	1 mal	2 mal	3 mal	
Versuch:	B	C	D	

Aufnahmefähigkeit in cbm pro 1¹/₂ cbm Oxydationskörper.

a) im 1. Jahre	160,3	269,3	310,5	
b) in 2 Jahren	293,5 *)	538,6 **)	621,0 **)	*)1✕ gereinigt; **)2✕ gereinigt.
c) » 2 »	293,5 *)	626,4 ***)	721,8 ***	***) 3✕ gereinigt.

Gesamtkosten in ℳ

a) im 1. Jahre α)	3,00	3,00	3,00	α = Verzinsung u. Amortisation.
β)	2,25	2,25	2,25	β = Kosten der Reinigung.
	5,25	5,25	5,25	
b) in 2 Jahren α)	6,00	6,00	6,00	
β)	2,25	4,50	4,50	
	8,25	10,50	10,50	
c) α)	6,00	6,00	6,00	
β)	2,25	6,75	6,75	
	8,25	12,75	12,75	

Kosten pro 1 cbm Abwasser in ₰

a)	3,28	1,95	1,69	
b)	2,81	1,95	1,69	
c)	2,81	2,04	1,77	

Bei einmaliger Beschickung pro Tag hat man mithin eine weit geringere quantitative Leistung, anderseits erweist sich aber auch die Entschlammung der Oxydationskörper erst nach Ablauf von zwei Jahren notwendig. Die weit gröfsere Leistungsfähigkeit der beiden anderen in Vergleich gezogenen Versuche läfst sich nur durch eine zweimal so häufige Entschlammung der Oxydationskörper erzielen. Das günstigste Verhältnis ergibt sich für Versuch C und D, wo die Oxydationskörper in einem Zeitraum von einem Jahre dreimal entschlammt wurden (siehe Tabelle 26). Diese Thatsache kann naturgemäfs nicht ohne Einflufs auf die Kosten des Verfahrens sein.

In der Tabelle 26 ist der Versuch gemacht worden, auf Grund unserer eben besprochenen Beobachtungen die Kosten der verschiedenen Variationen des Oxydationsverfahrens in Vergleich zu stellen. Die unseren Berechnungen zu Grunde gelegten Werte können naturgemäfs nur als grob schematische Anschläge angesehen werden. In der Praxis werden diese Kosten bekanntlich durch die lokalen Verhältnisse in ganz bedeutendem Mafse beeinflufst.

Den Berechnungen in Tabelle 26 sind ebenso wie in einer unserer früheren Veröffentlichungen (4) folgende Faktoren zu Grunde gelegt:

Die Herstellungskosten der Anlage sind mit 20 M. pro Kubikmeter Oxydationskörper veranschlagt; von dieser Summe sind jährlich 10 % für Verzinsung und Amortisation angesetzt. Die Kosten der Reinigung der Oxydationskörper sind mit 1,50 M. pro Kubikmeter in Rechnung gezogen.

Die Tabelle zeigt, dafs das doppelte Oxydationsverfahren auch in betreff der Kostenfrage dem einfachen Oxydationsverfahren überlegen ist, d. h. dafs sich die Reinigung der Abwässer mittels desselben billiger gestaltet als mittels des einfachen Oxydationsverfahrens. Hierbei darf aber nicht aufser Acht gelassen werden, dafs dies nur für Orte gilt, wo über sehr günstige Gefällverhältnisse verfügt wird. Die Ergebnisse können sich erheblich verschieben, sobald man die Abwässer höher pumpen mufs, um sie in die primären Körper zu schaffen.

––––––––

Vergleichen wir des weiteren die Resultate der Versuche E und F mit denen, die wir bei Versuch C erzielten, so zeigt sich, dafs sich in dem Resultat in Bezug auf die äufsere Beschaffenheit und auf Herabsetzung der Oxydierbarkeit gar keine Differenzen zu gunsten der Versuche E und F ergaben. In Bezug auf Durchsichtigkeit und Geruch stimmten die Ergebnisse der drei Versuche fast völlig überein.

Die durchschnittliche Herabsetzung der Oxydierbarkeit betrug bei
der Schlacke (C) 76,5% gegen 74,8% bei Kies (E) und 75,8%
bei Coke (F).

Fragt man sich nun. ob die Versuche E und F in Bezug auf
quantitative Leistung günstiger ausgefallen seien als der Versuch C,
so muſs die Antwort durchaus verneinend lauten. Das geht aus
folgender Tabelle hervor.

Tabelle 27.

Anzahl der Füllungen	Aufnahmefähigkeit pro 1 cbm Material.			Bemerkungen
	E Kies	F Coke	C Schlacke	
1— 50	258	351	889	Ursprüngliches Poren-
51—100	227	336	358	volumen pro 1 cbm
101—150	218	309	325	trockenes Material:
151—200	221	273	303	E = 265 l
201—250	216	293	285	F = 360 l
251—300	200	293	268	C = 409 l
301—350	191	300	237	
351—400	148	288	235	
401—450	140	288	231	
451—500	139	244	207	
501—550	139	250	184	

Die Tabelle gibt Aufschluſs über die Aufnahmefähigkeit der
Schlacke, des Kieses und der Coke pro Kubikmeter im durchschnittlichen
Werte für je 50 Füllungen. Der Versuch ist für 550 Füllungen durch-
geführt. Während dieser Periode sank die Aufnahmefähigkeit der
Schlacke von 409 auf 184, des Kieses von 265 auf 139, der Coke
von 360 auf 250 l.

Bei Versuch E und F hatten die Abwässer, wie schon erwähnt,
einen primären Körper passiert, ehe sie in den Kies, bezw. die Coke gelangten. Bei der Schlacke war dies nicht der Fall. Der verwendete
primäre Körper leistete quantitativ etwa vierfach so viel als die beiden
in Frage kommenden sekundären Körper. Soll also ein Vergleich mit
Versuch C angestellt werden, wo, wie gesagt, ein primärer Körper
nicht zur Verwendung kam, so muſs je 1 cbm Kies und Coke mit
$1^1/_4$ cbm Schlacke in Vergleich gesetzt werden. Dann ergeben sich
folgende Werte:

Tabelle 28.

Aufnahmefähigkeit in 550 Füllungen, bezogen auf 1 cbm sekundären Materials.			
Bezeichnung des Versuchs	Art des Materials	Oxydations- verfahren	Aufnahmefähigkeit in cbm
E	Kies	doppeltes	104,8
F	Coke	"	161,2
C	Schlacke	einfaches	188,9 (f. 1¹/₄ cbm Material)

Diese Tabelle spricht sehr zu gunsten der Schlacke. Denn obgleich bei dieser das einfache Oxydationsverfahren verwendet wurde, welches, wie wir gesehen haben, dem doppelten Verfahren nicht gleichwertig ist, so hat die Schlacke dennoch weit gröfsere Leistungen aufzuweisen als der Kies; und auch der Coke gegenüber hat sie sich als überlegen erwiesen.

Wollen wir auf Grund obiger Zahlen die Kosten veranschlagen, welche die Reinigung der Abwässer pro Kubikmeter bei den hier in Frage stehenden Versuchen verursacht, so können wir die weiter oben angeführten Faktoren auch hier zu Grunde legen. Es wäre ja möglich, dafs in manchen Gegenden die Beschaffung von Kies sich billiger gestaltete als diejenige der Schlacke. Die Schlacke läfst sich aber, insofern es sich um Herstellung gröfserer Mengen handelt, für etwa 3 M. pro Kubikmeter herrichten. Diese Kosten sind gegenüber den Gesamtbaukosten, welche wir pro Kubikmeter des Oxydationskörpers auf 20 M. veranschlagen, nicht von ausschlaggebender Bedeutung. Coke müfste zu einem weit höheren Preise in Rechnung gesetzt werden. Die Beschaffung derselben wird sich in manchen Gegenden kaum für 20 M. pro Kubikmeter bewerkstelligen lassen. Wir müssen also die Anlagekosten bei Benutzung von Coke mit rund 40 M. in Betracht ziehen, während dieselbe Anlage bei Benutzung anderer Materialien nicht viel mehr als 20 M. pro Kubikmeter an Baukosten verursachen würde.

Legt man eine zweijährige Betriebsperiode zu Grunde, und nimmt man an, dafs bei den sämtlichen drei Versuchen innerhalb zwei Jahren die Regenerierung der Oxydationskörper 3 mal erfolgen müfste, welche Annahme nach den oben mitgeteilten quantitativen Ergebnissen den praktischen Bedürfnissen etwa entsprechen dürfte, so würden sich für sämtliche drei Versuche die Reinigungskosten gleichmäfsig auf 5,625 M. pro 1¹/₄ cbm Material stellen. Verzinsung und Amortisation würden bei Kies und bei Schlacke je 5 M. betragen, bei

Coke aber 10 M. Werden nun diese Kosten in Vergleich zu den gereinigten Abwassermengen gestellt, so ergeben sich die nachstehend verzeichneten Werte:

1 cbm Abwasser durch Schlacke beim einfachen Verfahren und 2mal täglicher Füllung zu reinigen kostet 2,03 Pf. Bei Coke stellen sich die Kosten auf 3,56 Pf. und bei Kies auf 3,69 Pf.

Diese Ergebnisse werden für manchen überraschend sein; überall sind wir der Auffassung begegnet, als ob man bei Verwendung von Kies am billigsten fahren müßte. Diese Annahme ist maßgebend gewesen für die Verwendung des Kieses in verschiedenen der bislang gebauten Anlagen. Man hat eben die geringe Aufnahmefähigkeit des Kieses nicht in Betracht gezogen und hat von ihm eine zu große quantitative Leistung erwartet. Das Ergebnis war dann eine nicht zufriedenstellende Reinigung der Abwässer.

Unsere weiter oben mitgeteilten Resultate lassen die weitere Schlußfolgerung zu, daß man bei Verwendung von Schlacke in Bezug auf qualitative Leistung ebenso gute Ergebnisse zu erwarten habe wie bei Verwendung von Coke, in Bezug auf quantitative Leistung bessere Resultate, obgleich die Kosten sich naturgemäß weit geringer stellen.

Diese letztere Thatsache betonen wir besonders, weil uns kürzlich ein Fall zur Kenntnis gekommen ist, wo seitens der zuständigen Aufsichtsbehörde die im Projekte vorgesehene Steinkohlenschlacke beanstandet und Ersetzung derselben durch Coke empfohlen wurde.

II. Gruppe.
(Versuche G—K.)

Primäre Körper: M-P.

       M-Coke,   Korngröße 10—30 mm.

       N-Schlacke,   »   10—30 mm.

       O-Kies,   »   10—30 mm.

       P-Ziegel,   »   10—30 mm.

Sekundäre Körper: G-K.

       G-Schlacke,   Korngröße 5—10 mm.

       H-Coke,   »   5—10 mm.

       I-Kies,   »   5—10 mm.

       K-Kies $+ 1\%$ Eisendrehspäne, »   5—10 mm.

Bei der zu besprechenden zweiten Gruppe unserer Versuche mit dem doppelten Oxydationsverfahren sollte festgestellt werden, ob bei annähernd gleichen qualitativen Effekten sich erheblich größere quantitative Leistungen würden erzielen lassen, wenn aus den sekundären

Körpern alles Material unter 5 mm Korngröfse fortgelassen, dagegen Material von 7—10 mm Korngröfse mit aufgenommen würde. Gleichzeitig sollte bei diesen Versuchen verschiedenartiges Material, sowohl in den primären, wie auch in den sekundären Körpern zu einander in Vergleich gestellt werden, und zwar erschienen uns, aufser Schlacke und Coke, Kies und Brocken von Ziegelsteinen als diejenigen Materialien, welche praktisch in erster Linie in Frage kommen konnten.

Die verwendete Schlacke stammte nicht aus unserer Müllverbrennungsanstalt, sondern es wurde Schlacke aus Kesselfeuerungen verwendet, die mit Steinkohlen geheizt wurden, also ein Material, welches wohl fast überall reichlich und billig zu haben sein wird, wo die Abwasserreinigungsfrage in Betracht kommt.

Bei diesen Versuchen wurde schliefslich auch noch neben dem erwähnten sekundären Kieskörper ein zweiter Kieskörper aus demselben Kiesmaterial hergestellt, der einen Zusatz von Eisen in Form von Eisendrehspänen erhielt.

Die bei den Versuchen dieser Gruppe erzielten Ergebnisse mögen mit den früher mitgeteilten einzeln in Vergleich gestellt werden. In Betreff der Versuchsanordnung ist jedoch folgendes noch vorauszuschicken: Ein genauer Vergleich der Wirkung der zu beschreibenden Oxydationskörper erschien uns nur möglich, wenn wir sämtliche Körper mit völlig identischem Abwasser füllten. Deshalb wurde ein gröfseres Reservoir mit Abwässern gefüllt, die den eingangs beschriebenen Sandfang passiert und dort einen Teil ihrer gröberen Sedimente deponiert hatten. Nach Auffüllung dieses Beckens wurde sein Inhalt gründlich durchgemischt und Proben zur Analyse entnommen. Darauf wurden die verschiedenen Oxydationskörper gleichzeitig gefüllt. Aus dem Becken flofs das Abwasser zunächst in die primären Körper über; diese waren in Gärbottichen von annähernd 2 cbm Inhalt untergebracht worden. Ihre Drainage bestand aus einem auf der Sohle des Bottichs hergestellten Kanal aus Ziegelsteinen. Die Bottiche waren mit den bezeichneten Materialien (10—30 mm Korngröfse) bis zum oberen Rande gefüllt.

In diesen primären Körpern blieb das Abwasser zeitweise 10 Minuten, zeitweise 2 Stunden stehen. Auf diesen Punkt kommen wir weiter unten noch zurück. Aus den primären Körpern wurden die Abwässer in die sekundären Körper übergeleitet. Diese waren in Kästen von ebenfalls etwa 2 cbm Fassungsraum, die mit Zink ausgeschlagen waren, untergebracht. In den sekundären Körpern blieb das Abwasser 2 Stunden stehen und wurde darauf in ein Mefsgefäfs abgeleitet.

Durch diese Versuchsanordnung erhält man einen völlig klaren Einblick in die quantitativen sowohl, als auch in die qualitativen Ergebnisse.

Zunächst wurde für jeden einzelnen Körper bestimmt, wieviel Flüssigkeit das trockene Material aufzunehmen vermochte. Nach der ersten Benetzung wurde der Körper ein zweites Mal unter Feststellung der Aufnahmefähigkeit gefüllt, darauf zum drittenmal. Erst von der dritten Füllung an ergeben sich erfahrungsgemäß konstant bleibende Werte.

Versuch G.

Primärer Körper: N-Schlacke, Korngröße 10—30 mm.

Füllung . . . . . . 3—6 mal täglich.

Dauer des Vollstehens: 10 Minuten.

Sekundärer Körper: G-Schlacke, Korngröße 5—10 mm.

Füllung . . . . . . 3 mal täglich.

Dauer des Vollstehens: 2 Stunden.

Dauer des Lehrstehens: 2, bezw. 2, bezw. 14 Stunden.[1])

Der primäre Körper bewirkte eine durchschnittliche Herabsetzung der Oxydierbarkeit von etwa 26,1 %; in seinen Abflüssen traten beim Stehen an der Luft leichte Fäulniserscheinungen auf.[2])

Was zunächst den erzielten Reinigungseffekt anbetrifft, so war der Durchsichtigkeitsgrad des Produktes aus dem sekundären Körper G nicht ganz so hoch wie bei den Versuchen B—D. Die Abflüsse rochen aber in der Regel moderig, gelegentlich erdig und zeigten sich beim Stehen an der Luft der fauligen Zersetzung nicht zugänglich. Die Oxydierbarkeit der Abflüsse wurde bei diesem Verfahren, wie Tabelle 29 zeigt, durchschnittlich 66 % herabgesetzt.

Während der ersten Hälfte des Versuches war der Effekt durchweg etwas geringer als der angegebene Durchschnittswert. In absoluten Zahlen ausgedrückt, entsprach die Oxydierbarkeit der Abflüsse im Durchschnitt 119 mg Kalium-Permanganatverbrauch. Nur selten und zwar während der letzten Betriebsmonate lag sie unter 100. Hiernach wären die erzielten Ergebnisse im Vergleich zu den Versuchen B—D durchweg ungünstiger, was von vornherein zu erwarten stand.

---

[1]) Der Betrieb und die Ergebnisse der bei den Versuchen G—K verwendeten primären Körper sind in einem besonderen Abschnitt: »Versuche mit Oxydationskörpern aus grobem Material«, S. 84—92 erörtert.

[2]) Die Füllung und Entleerung dauerte je nur 2—5 Minuten. Diese wären von den oben angegebenen Lüftungsperioden abzuziehen. Der Einfachheit halber sehen wir hier und bei den späteren Versuchen davon ab, diese relativ kleine Differenz anzuführen.

Tabelle 29.

Betriebsmonat	Durch- sichtig- keit in cm		Geruch		Oxydierbarkeit mg Kalium-Per- manganatver- brauch pro Liter			Bemerkungen
	R[1]	Schl II[2]	R	Schl II	R	Schl II	Herab- setzung in %	
1	2,6	5,0	fäkalisch	schwach fäk.-modr.	302	148	51,0	
2	2,5	5,3	»	modrig	318	112	64,8	
3	2,8	6,9	»	»	336	114	66,1	
4	2,5	5,7	»	»	360	130	63,9	
5	2,5	5,5	»	stark modrig	316	105	66,8	
6	2,2	6,3	»	modrig	425	149	64,9	Geruch 1 ✕ schwach
7	1,0	4,0	»	»	426	118	72,3	fäkalisch
8	1,0	3,0	»	erdig	458	140	69,4	
			1 Monat Lüftungsperiode					
9	1,0	3,7	fäkalisch	modrig	310	124	60,0	
10	1,3	5,1	»	»	321	96	70,1	
11	1,8	6,0	»	»	334	76	77,2	

1 : R = Rohwasser; 2 : Schl II = Abfluſs aus sekund. Schlacke.

Tabelle 30.

Anzahl der Füllungen	Aufnahme- fähigkeit pro 1 cbm Mate- rial in Litern f. 1 Füllung	Bemerkungen
1— 50	384	Vollstehen 10′ im primären Körper.
51—100	337	Ursprüngliches Porenvolumen
101—150	283	pro Cubikmeter Material
151—200	269	= 394 l.
201—250	243	
251—300	252	
301—350	261	
351—400	262	
401—450	266	
451—500	262	
501—550	255	
551—600	236	
1 Monat Lüftung		
601—650	263	
651—700	235	
701—750	237	
751—800	231	

Was nun die quantitative Leistungsfähigkeit des beschriebenen Materials betrifft, so betrug die Aufnahmefähigkeit des sekundären Körpers, gemäſs der vorstehenden Tabelle, pro Kubikmeter während der ersten Füllungen durchschnittlich 384 l. Im Laufe des Versuches sank die Aufnahmefähigkeit auch hier in fast regelmäſsigen Perioden. Nach 800 Füllungen war sie bis auf 231 l pro Kubikmeter gefallen. Eine einmonatliche Lüftungsperiode hatte keine nachhaltige Erhöhung der Aufnahmefähigkeit zur Folge.

Im Vergleich zu Versuch B und C erwies sich die quantitative Leistungsfähigkeit bei Versuch G gröſser, sie war aber geringer als bei Versuch D. Denn bei D hatte der sekundäre Körper pro Kubikmeter innerhalb 800 Füllungen 254,4 cbm Abwasser aufzunehmen vermocht, bei Versuch G nur 213,8 cbm. Ein Vergleich der Tabellen wird zeigen, daſs die Aufnahmefähigkeit des sekundären Körpers bei Versuch D von vornherein gröſser war als diejenige des sekundären Körpers bei Versuch G, obgleich bei letzterem, wie schon erwähnt, die feineren Korngröſsen fortgelassen und mehr gröberes Material zum Aufbau des Körpers verwendet wurde. Diese Befunde finden ihre Erklärung darin, daſs die Schlacke, welche zur Herstellung des sekundären Körpers bei Versuch D verwendet wurde, schon gebraucht und einer Reinigung unterzogen worden war. Bei Schlacke hat eine solche Reinigung, wie oben schon gezeigt wurde, wiederholt eine Erhöhung der Aufnahmefähigkeit zur Folge gehabt, während bei Kies und Coke das Gegenteil der Fall war.

Unserer Auffassung nach würde es sich empfehlen, bei einem Betrieb, wie dem oben beschriebenen, während einer 2 jährigen Versuchsperiode 3 mal eine Reinigung der Oxydationskörper vorzunehmen. Die sich unter solchen Umständen auf Grund der weiter oben schon angewendeten Faktoren ergebenden Kosten würden sich für die Behandlung von 1 cbm Abwasser bei Versuch G auf 1,79 Pfg. stellen.

Versuch H.

Primärer Körper im Monat 1—4: N-Schlacke, Korngröſse
10—30 mm.

Füllung . . . . . . 3—6 mal täglich.

Dauer des Vollstehens: 10 Minuten.

»   »   im Monat 5—11: O-Kies, Korngröſse 10—30 mm.

Füllung . . . . . . 3 mal täglich.

Dauer des Vollstehens: 2 Stunden.

Dauer des Leerstehens: 2, bezw. 2, bezw.

14 Stunden.

Sekundärer Körper: H-Coke, Korngröfse 5—10 mm.

Füllung . . . . . .   3 mal täglich.
Dauer des Vollstehens: 2 Stunden.
Dauer des Leerstehens: 2, bezw. 2, bezw.
14 Stunden.

Während der ersten 4 Monate blieb das Abwasser im primären Körper 10 Minuten stehen, vom 5. Monat an 2 Stunden. Die Vor-reinigung im primären Körper hatte während der ersten 4 Monate eine Herabsetzung der Oxydierbarkeit von 25,6, vom 5. Monat ab von annähernd 50% zur Folge. Auch die letztangeführten Abflüsse aus den primären Körpern zeigten trotz des nicht unerheblichen Reinigungseffektes beim Stehen an der Luft in der Regel leichte Fäulniserscheinungen. Gelegentlich zeigten sie wohl auch während 10 tägiger Beobachtung nur einen moderigen Geruch.

Die Durchsichtigkeit der Abflüsse aus den sekundären Körpern entsprach ungefähr der in Versuch G bei Schlacke erzielten. Auch der Geruch der Abflüsse war bei Versuch H in der Regel moderig, bezw. erdig-moderig. Die Herabsetzung der Oxydierbarkeit betrug während der ersten 4 Monate, die nur allein direkt vergleichbar sind mit Versuch G, 63,1%, während der übrigen 7 Monate 71,8%, wenn wir die schlechteren Ergebnisse mit in Rechnung ziehen, welche wir

Tabelle 31.

Betriebsmonat	Durch-sichtig-keit in cm		Geruch		Oxydierbarkeit mg Kalium-Per-manganatver-brauch pro Liter			Bemerkungen
	R_1	C II_2	R	C II	R	C II	Herab-setzung in %	
1	2,6	5,1	fäkalisch	schwach fäk.-modr.	302	144	52,3	Vollstehen 10′ im pri-mären Körper Stein-kohlenschlacke
2	2,5	5,2	»	modrig	318	105	67,0	
3	2,8	6,0	»	»	336	110	67,3	1 × schwach fäkalisch
4	2,5	5,1	»	»	360	123	65,8	
5	2,5	6,0	fäkalisch	modrig	316	94	70,2	Vollstehen 2 h im pri-mären Körper Kiesel
6	2,2	6,0	»	{ schwach fäkalisch dumpf modrig	425	112	73,6	
7	1,0	6,5	»	modrig	426	90	78,9	
8	1,0	3,8	»	schwach modrig	458	102	77,7	
		1 Monat Lüftungsperiode						
9	1,0	4,0	fäkalisch	erdig-modrig	310	137	55,8	
10	1,3	6,0	»	modrig	321	79	75,4	
11	1,8	6,2	»	»	334	97	71,0	

1 : R = Rohwasser; 2 : C II = sekundärer Cokeabfluß.

während der ersten Füllungen nach der schon erwähnten einmonatlichen Lüftungsperiode erzielten. Lassen wir die Übergangsperiode fort, so stellen sich die Ziffern noch günstiger.

Wir werden weiter unten noch näher darzulegen haben, daß nach längerer Ruhepause die Herabsetzung der Oxydierbarkeit stets anfänglich ungünstiger erscheint, aus dem Grunde, weil eine gewisse Menge oxydierbarer Substanzen aus den inzwischen eingetrockneten Körpern ausgelaugt wird.

Ein Vergleich der Tabellen 29 und 31 zeigt, daß Coke unter gleichen Versuchsanordnungen (1.—4. Monat) nicht besser arbeitete als Steinkohlenschlacke. Bei Beschickung mit besser vorgereinigtem Abwasser steigerte sich der Reinigungseffekt. Das hier in Versuch H verwendete gröbere Material zeitigte aber bei weitem nicht so gute Resultate wie das feinere, bei Versuch F gebrauchte, wo, wie schon dargelegt wurde, die Herabsetzung der Oxydierbarkeit durchschnittlich 75,8% betrug, und die Oxydierbarkeit der Abwässer, in absoluten Zahlen ausgedrückt, durchschnittlich 75,3. Bei Versuch H dagegen sank die Oxydierbarkeit der Abflüsse selten unter 100 mg Kalium-Permanganatverbrauch pro Liter. Obgleich die Abwässer bei Versuch F in dem

Tabelle 32.

Anzahl der Füllungen	Aufnahmefähigkeit pro 1 cbm Material in Litern f. 1 Füllung	Bemerkungen
1— 50	375	Vollstehen 10′ im primären Körper
51—100	345	Ursprüngliches Porenvolumen pro cbm Material = 394 l
101—150	306	
151—200	292	
201—250	279	
251—300	268	
301—350	289	Vollstehen 2 h im primären Körper
351—400	281	
401—450	279	
451—500	279	
501—550	263	
551—600	271	
1 Monat Lüftungsperiode		
601—650	287	
651—700	258	
701—750	242	
751—800	225	

primären Körper nur 10 Minuten vorbehandelt wurden, so zeigte die Coke von 3—7 mm Korngröfse doch einen erheblich höheren Effekt als Coke von 5—10 mm Korngröfse selbst bei besserer Vorbereitung.

Fragen wir uns nun, ob die ungünstigeren Resultate des Versuches H kompensiert werden durch eine gröfsere quantitative Leistungsfähigkeit, so zeigt Tabelle 32, dafs die Aufnahmefähigkeit bei H anfänglich entsprechend höher war als bei F. Auch hielt sie sich während der ganzen Versuchsperiode höher. In 700 Füllungen vermochte der sekundäre Cokekörper bei Versuch H pro Kubikmeter Coke 203,6 cbm Abwasser aufzunehmen, dagegen bei Versuch F nur 194,5 cbm. Berechnen wir auf Grund dieser Zahlen unter Benutzung der schon mehrfach erwähnten Faktoren die Kosten, welche die Reinigung des Abwassers bei Versuch H verursacht, so ergeben sich pro Kubikmeter Abwasser 2,48 Pf., während sie bei F 3,56 Pf. betragen.

Demnach haben wir thatsächlich bei H auf Kosten der Qualität einen erheblich günstigeren Erfolg in finanzieller Hinsicht gehabt.

Im Falle, dafs Coke ebenso billig zu beschaffen wäre wie Schlacke, würden sich die Kosten der Abwasserreinigung durch Coke ebenso billig stellen wie bei Schlacke, denn die quantitative Leistung war bei beiden Materialien annähernd übereinstimmend, bei Coke sogar noch etwas günstiger als bei Schlacke. Letzteres liegt aber darin begründet, dafs die Abwässer bei den Versuchen mit Coke einer gründlicheren Vorreinigung im primären Körper unterlegen hatten als bei den Versuchen mit Schlacke.

Versuch J.

Primärer Körper im 1.—4. Monat: M-Coke, Korngröfse

10—30 mm.

Füllung . . . . 3—6 mal täglich.

Dauer des Vollstehens . . . . . 10 Minuten.

Primärer Körper im 5.—11. Monat: P-Ziegel, Korngröfse

10—30 mm.

Füllung . . . . 3 mal täglich.

Dauer des Vollstehens . . . 2 Stunden.

Dauer des Leerstehens . . . 2, bezw. 2, bezw. 14 Stunden.

Sekundärer Körper: J-Kies, Korngröfse 5—10 mm.

Füllung . . . . 3 mal täglich.

Dauer des Vollstehens . . . 2 Stunden.

Dauer des Leerstehens . . . 2, bezw. 2, bezw. 14 Stunden.

Während der ersten 4 Monate wurde die Oxydierbarkeit durch den primären Körper um etwa 28 % herabgesetzt, später vom 5. Monate ab durchschnittlich um reichlich 53 %.

In qualitativer Beziehung wurden während der ersten 4 Betriebsmonate bei Versuch J ebenso günstige Resultate erzielt wie bei den Versuchen G und H. Die Herabsetzung der Oxydierbarkeit betrug durchschnittlich 63,7 %. Läfst man den ersten Betriebsmonat aufser Betracht, also das Stadium der Reifung, so erhält man, wie auch bei G und H, ein noch günstigeres Ergebnis. Vom 5. Monat ab, nachdem also ein gründlicher vorgereinigtes Abwasser dem Körper zugeschickt wurde, stieg seine Wirksamkeit. Die Herabsetzung der Oxydierbarkeit belief sich durchschnittlich auf 71,8 %. Lassen wir die Zeit nach der einmonatlichen Lüftungsperiode fort, welche, wie schon erwähnt wurde, auf die Herabsetzung der Oxydierbarkeit nachteilig wirkt, so erscheint der Effekt noch günstiger.

Die Durchsichtigkeit der Abflüsse aus den Kieskörpern war infolge der geringeren Eisenausscheidung in der Regel etwas besser als bei Coke und Schlacke.

Sehen wir von den Ergebnissen des Reifungsstadiums ab, so hatten die Abflüsse stets ihr Vermögen, stinkender Fäulnis anheimzufallen, verloren; sie rochen moderig, bezw. erdig-moderig.

Tabelle 33.

Betriebsmonat	Durchsichtigkeit in cm		Geruch		Oxydierbarkeit mg Kalium·Permanganatverbrauch pro Liter			Bemerkungen
	R_1	K II$_2$	R	K II	R	K II	Herabsetzung in %	
1	2,6	4,8	fäkalisch	schwach fäk.-modr.	302	134	55,6	Vollstehen 10′ im primären Körper Coke
2	2,5	5,8	»	modrig	318	108	66,0	
3	2,8	8,6	»	»	336	108	67.9	
4	2,5	6,5	»	»	360	125	65,3	
5	2,5	7,0	»	modr.-schw. modr.	316	82	74,1	Vollstehen 2 h im primären Körper Ziegel
6	2,2	7,7	»	»	425	125	70,6	
7	1,0	6,0	»	»	426	115	73,0	
8	1,0	4,0	»	»	458	108	76,4	
			1 Monat Lüftungsperiode					
9	1,0	4,5	fäkalisch	modr.-schw. modr.	310	124	60,0	
10	1,3	6,9	»	erdig-modrig	321	82	74,5	
11	1,8	7,7	»	modrig	334	86	74,3	

1 : R = Rohwasser; 2 : K II = sekundärer Kiesabflufs.

Im Vergleich mit Versuch E, wo bekanntlich ein etwas feineres Kiesmaterial verwendet wurde, sind die qualitativen Ergebnisse bei J nach jeder Richtung entsprechend ungüntiger. Bei E entsprach die Oxydierbarkeit der Abflüsse durchschnittlich 80,8 mg Kalium-Permanganatverbrauch pro Liter, bei Versuch J 108,8 mg; ähnlich stellt sich der Vergleich der äufseren Beschaffenheit in diesen beiden Versuchen.

In quantitativer Beziehung steht der bei Versuch J verwendete gröbere Kies weit zurück hinter Schlacke und Coke. In 730 Füllungen vermochte 1 cbm Kies nur etwa 150,7 cbm Abwasser aufzunehmen, während Schlacke und Coke in den direkt vergleichbaren Versuchen G und H reichlich 200 cbm, also $^1/_3$ mehr, aufzunehmen vermochten.

Tabelle 34.

Anzahl der Füllungen	Aufnahmefähigkeit pro 1 cbm Material in Litern f. 1 Füllung	Bemerkungen
1— 50	305	Vollstehen 10′ im primären Körper
51—100	255	Ursprüngliches Porenvolumen 313 l pro cbm Material
101—150	213	
151—200	204	
201—250	189	
251—300	181	
301—350	188	Vollstehen 2 h im primären Körper
351—400	194	
401—450	195	
451—500	211	
501—550	201	
551—600	175	
	1 Monat Lüftungsperiode	
601—650	198	
651—700	190	
701—750	190	
751—800	190	

Der Kies wirkte also in qualitativer Beziehung nicht besser als Coke und Schlacke; in quantitativer Beziehung stand er hinter Schlacke zurück. Wo die Anschaffung der Schlacke nicht erheblich teurer ist als die des Kieses, da wird man deshalb mit Vorteil Schlacke zur Anwendung bringen. Bei gleichen Anschaffungskosten berechnet sich auf Grund der mehrfach verwendeten Faktoren die Reinigung eines cbm Abwassers durch Kies auf 2,35 Pf., durch Schlacke auf 1,79 Pf.

Versuch K.

Primärer Körper: M-Coke, Korngröfse 10—30 mm.

Füllung . . . . 3—6 mal täglich.
Dauer des Vollstehens . . . . . 10 Minuten.

Sekundärer Körper: K-Kies + 1 % Eisendrehspäne, Korngröfse
5—10 mm.

Füllung . . . . 3 mal täglich.
Dauer des Vollstehens . . . 2 Stunden.
Dauer des Leerstehens . . . 2, bezw. 2, bezw. 14 Stunden.

Die Vorbehandlung des Abwassers weicht von Versuch J vom
5. Monat an insofern ab, als die Einwirkung bei K während des
ganzen Versuches 10 Minuten dauerte, bei J dagegen vom 5. Monat
ab 2 Stunden.

Der Betrieb des sekundären Körpers gestaltete sich dagegen
während des ganzen Versuches analog dem bei Versuch J.

Tabelle 35.

Betriebsmonat	Durch-sichtig-keit in cm		Geruch		Oxydierbarkeit mg Kalium-Per-manganatver-brauch pro Liter			Bemerkungen
	R₁	KE II₂	R	KE II	R	KE II	Herab-setzung in %	
1	2,6	5,5	fäkalisch	schwach fäk.-modr.	302	127	57,9	Vollstehen 10′ im pri-mären Körper Coke
2	2,5	5,7	»	modrig	318	94	70,4	
3	2,8	9,3	»	»	336	87	74,1	
4	2,5	6,8	»	»	360	97	73,1	
5	2,5	6,0	»	»	316	95	69,9	
6	2,2	5,8	»	»	425	149	64,9	
7	1,0	5,0	»	»	426	129	69,7	
8	1,0	3,5	»	»	458	140	69,4	
			1 Monat Lüftungsperiode					
9	1,0	3,0	fäkalisch	modrig	310	137	55,8	
10	1,8	5,8	»	erdig-modrig	321	91	71,7	
11	1,8	6,0	»	modrig	334	105	68,6	

1 : R = Rohwasser; 2 : KE II = Abflufs vom sek. Körper Kies + Eisen.

Die Tabelle Nr. 35 zeigt, dafs die Durchsichtigkeit der Abflüsse
bei K kaum so günstig war wie bei J. In Bezug auf Geruch weichen

die beiden Produkte kaum voneinander ab. Die Oxydierbarkeit wurde jedoch infolge des Eisenzusatzes stärker herabgesetzt als in Versuch J. Während der ersten 4 Monate, wo der Betrieb beider Versuche völlig identisch war, erzielten wir eine durchschnittliche Herabsetzung der Oxydierbarkeit von 68,9 % bei K, gegen 63,7 % bei J. Auch vom 5. Monat an blieb der Effekt bei K fast ebenso gut, wie bei J, obgleich bei lezterem dem sekundären Körper ein weit besser präpariertes Abwasser zugeführt wurde. In qualitativer Beziehung hat also der Zusatz von Eisen günstig gewirkt.

In quantitativer Beziehung hat der Eisenzusatz in Versuch K nicht nachteilig gewirkt, wie ein Vergleich der Tabellen 34 und 36 ergibt. In Fällen, wo der Zusatz von Eisendrehspänen, bezw. andersartigen Eisenabfällen keine wesentliche Erhöhung der Kosten bedingen würde, würde sich deshalb die Reinigung des Abwassers nach der in Versuch K gewählten Anordnung ebenso teuer stellen, wie nach Versuch J.

Tabelle 36.

Anzahl der Füllungen	Aufnahme-fähigkeit pro 1 cbm Material in Litern f. 1 Füllung	Bemerkungen
1— 50	306	Vollstehen 10′ im primären Körper
51—100	263	Ursprüngl. Porenvolumen 3131 pro 1 cbm Material.
101—150	231	
151—200	219	
201—250	205	
251—300	203	
301—350	204	
351—400	208	
401—450	206	
451—500	215	
501—550	201	
551—600	206	

1 Monat Lüftungsperiode

601—650	191	
651—700	188	
701—750	188	
751—800	188	

6*

Unter Umständen würde sich deshalb bei Anwendung von Kies-oxydationskörpern ein Eisenzusatz empfehlen. In qualitativer Beziehung wäre der erzielte Effekt etwa gleich grofs wie bei Anwendung von Schlacke in Versuch G. In quantitativer Beziehung stehen die Leistungen des Kieses + Eisen jedoch hinter der Schlacke zurück. Die Reinigung der Abwässer stellt sich deshalb nach Versuch K teurer als nach Versuch G.

III. Versuche mit Oxydationskörpern aus grobem Material.

(Versuche L—P.)

Oxydationskörper:	L-Coke,	Korngröfse 10—30 mm.
	M-Coke,	» 10—30 »
	N-Steinkohlenschlacke,	» 10—30 »
	O-Kies,	» 10—30 »
	P-Ziegel,	» 10—30 ›

Bei den bisher beschriebenen Versuchen waren Reinigungseffekte beabsichtigt und sind Erfolge erzielt worden, die den höchsten hygienischerseits zu stellenden Anforderungen entsprachen.

Eine so durchgreifende Reinigung ist aber, wie eingangs dargelegt wurde, nicht in allen Fällen zu fordern; die Erfahrung hat gezeigt, dafs bei günstigen Vorflutverhältnissen selbst bei Anwendung des minderwertigen Kalk-Eisen-Klärverfahrens eine Beseitigung der grobsinnlich wahrnehmbaren Veränderungen in den Stromläufen zu erzielen war. Durch solche chemischen Klärverfahren wird der Gehalt an gelösten, fäulnisfähigen Substanzen nur um ein sehr geringes, im günstigsten Falle um 20—30% herabgesetzt. Der Haupteffekt besteht in der ziemlich durchgreifenden Beseitigung der ungelösten Stoffe.

Durch Anwendung grober Oxydationskörper vermag man eine Reinigung der Abwässer bis zu dem Grade zu erzielen, dafs das Produkt der stinkenden Fäulnis nicht mehr zugänglich ist. Freilich ist der durch solche Körper erzielte Kläreffekt, d. h. die Ausscheidung der ungelösten Stoffe, nicht gleichwertig dem durch Chemikalien erzielten, soweit die besten chemisch-mechanischen Verfahren und ein gewissenhafter Betrieb in Frage kommen. Durch die gröberen Oxydationskörper geht ein gewisser Teil der suspendierten Stoffe hindurch, bezw. es wird aus diesen Körpern eine gewisse Menge Schlammes ausgespült. Letzteres scheint vorzugsweise der Fall zu sein, denn andernfalls würden die Abwässer infolge der nachträglichen Zersetzung der suspendierten Stoffe Fäulniserscheinungen aufweisen müssen.

Trotz der ungünstigen äußeren Beschaffenheit der Abflüsse aus groben Oxydationskörpern im Vergleich zu den Produkten mustergültiger chemisch-mechanisch wirkender Anlagen muß doch der Reinigungseffekt bei ersteren als besser bezeichnet werden. Selbst bei den besten chemisch-mechanischen Reinigungsanlagen bleibt das Produkt fäulnisfähig. Bei den Abflüssen aus gut angelegten und betriebenen groben Oxydationskörpern ist das dagegen nicht der Fall. Wenn also unter gewissen Umständen der mit dem chemisch-mechanischen Verfahren erzielte Effekt genügte, um vorhandene Mißstände in den Flüssen abzustellen, so muß durch die Behandlung in groben Oxydationskörpern mindestens derselbe Erfolg zu erzielen sein, nur muß man bei diesem Vergleich nicht das Hauptaugenmerk auf die Klärung richten, sondern auf die Beseitigung der Fäulnisfähigkeit. Selbst dort, wo wegen ungünstiger Vorflutverhältnisse eine durchgreifendere Reinigung der Abwässer zu fordern ist, können die groben Oxydationskörper wegen ihrer großen quantitativen Leistungsfähigkeit für Regentage gute Dienste leisten.

Von diesem Gesichtspunkte ausgehend haben wir die nachstehend zu besprechenden Versuche zusammengestellt. Der Versuch L ist bereits unter Versuch D beschrieben und soll hier nicht wieder erwähnt werden.

Tabelle 37.

Betriebsmonat	Durchsichtigkeit in cm		Geruch		Oxydierbarkeit mg Kalium-Permanganatverbrauch pro Liter			Bemerkungen
	R₁	C I₂	R	C I	R	C I	Herabsetzung in %	
1	2,8	3,5	fäkalisch	fäkalisch	282	177	37,2	Vollst. 2 h i. Oxyd.-Körp.
2	2,6	3,3	»	schwach fäk.-modr.	302	233	22,8	» 10′ » » »
3	2,5	3,0	»	sehr schwach fäk.	318	234	26,4	
4	2,8	3,6	»	schwach fäkalisch	336	229	31,8	
5	2,5	3,0	»	» »	360	271	24,7	
6	2,5	3,3	»	» »	316	250	20,9	
7	2,2	3,2	»	» »	425	301	29,2	
8	1,0	2,0	»	fäkalisch	426	280	34,3	
9	1,0	1,3	»	»	458	312	31,9	
			1 Monat Lüftungsperiode					
10	1,0	2,0	fäkalisch	fäkal.-stark modrig	310	233	24,8	
11	1,3	2,1	»	schwach fäkalisch	321	239	25,5	
12	1,8	2,8	»	» »	334	236	29,3	

1 : R = Rohwasser; 2 : C I = Abfluß aus primärer Coke.

Betriebsmonat R₁ C I₂

Geruch: R, C I

Oxydierbarkeit: R, C I, Herabsetzung in %

Versuch M.

Oxydationskörper: M-Coke, Korngröfse 10—30 mm.

Füllung . . . . 3—6 mal täglich.

Dauer des Vollstehens: 10 Minuten.

Über die qualitative Leistung dieses Oxydationskörpers gibt die Tabelle 37 Aufschlufs. Durch das 10 Minuten lange Einwirken des Oxydationskörpers auf das Abwasser wurde die äufsere Beschaffenheit nur in geringem Mafse beeinflufst. Die Durchsichtigkeit der Abflüsse zeigte nur eine unbedeutende Besserung gegenüber derjenigen des Rohwassers. Der Geruch der Abflüsse war in den meisten Fällen schwach fäkalisch, selten moderig. Die durchschnittliche Herabsetzung der Oxydierbarkeit betrug 28,2%. Sämtliche Abflüsse liefsen beim Stehen in geschlossenen Flaschen eine leichte Nachfaulung unter Bildung von Schwefelwasserstoff erkennen.

Tabelle 38.

Anzahl der Füllungen	Aufnahme-fähigkeit pro 1 cbm Material in Litern f. 1 Füllung	Bemerkungen
1— 50	423	6× täglich gefüllt
51— 100	396	Ursprüngliches Porenvolumen pro cbm Material 435 l
101— 150	381	
151— 200	379	
201— 250	373	
251— 300	373	
301— 350	372	
351— 400	872	
401— 450	349	
451— 500	355	
501— 550	371	
551— 600	372	
601— 650	370	3× täglich gefüllt
651— 700	370	
701— 750	364	
751— 800	368	
801— 850	355	
851— 900	353	
901— 950	347	
1 Monat Lüftungsperiode		
951—1000	363	
1001—1050	350	
1051—1100	334	

Das ursprüngliche Porenvolumen betrug 435 l pro 1 cbm Material. Nach 300 Füllungen ging die Aufnahmefähigkeit, wie vorstehende Tabelle zeigt, auf 373 l zurück. Nach 300 weiteren Füllungen nahm 1 cbm Material ungefähr noch dieselbe Abwassermenge auf. Nach 1100 Füllungen betrug die Aufnahmefähigkeit 334 l. Eine einen Monat während Lüftungsperiode bewirkte einen Anstieg der Aufnahmefähigkeit von 347 l auf 363 l.

Wie schon früher erwähnt, kann durch einfaches Abspülen des verschlammten Materials der Oxydationskörper regeneriert werden. Nimmt man unter den früher erwähnten Grundsätzen an, daß innerhalb 2 Jahren eine 3malige Reinigung notwendig sein dürfte, so würden die Kosten der Reinigung sowie der Verzinsung und Amortisation sich auf 1,09 Pf. für 1 cbm Abwasser und pro Kopf und Jahr unter Zugrundelegung von 40 cbm auf 43,6 Pf. belaufen. Bei Versuch L, bei dem ein mehrmals gewaschener Cokeoxydationskörper Verwendung gefunden hatte, belaufen sich die Kosten der Reinigung nach denselben Gesichtspunkten berechnet auf 1,06 Pf. pro Kubikmeter Abwasser.

Versuch N.

Oxydationskörper: N-Steinkohlenschlacke, Korngröße 10—30 mm.

Füllung . . . . . 3—6 mal täglich.

Dauer des Vollstehens: 10 Minuten.

Tabelle 39.

Betriebsmonat	Durchsichtigkeit in cm		Geruch		Oxydierbarkeit mg Kalium-Permanganatverbrauch pro Liter			Bemerkungen
	R_1	Schl I_2	R	Schl I	R	Schl I	Herabsetzung in %	
1	2,8	3,2	fäkalisch	fäkalisch	282	188	33,3	Vollst.2h1.Oxyd.-Körp.
2	2,6	3,6	»	schwach fäkalisch	302	237	21,5	» 10′ » » »
3	2,5	3,0	»	» »	318	244	23,3	
4	2,8	3,5	»	fäkalisch	336	238	29,2	
5	2,5	3,0	»	»	360	286	20,6	
6	2,5	3,5	»	»	316	246	22,2	
7	2,2	3,0	»	»	425	300	29,4	
8	1,0	2,0	»	»	426	308	27,7	
9	1,0	—	»	»	458	327	28,6	
			1 Monat Lüftungsperiode					
10	1,0	1,6	fäkalisch	fäkalisch	310	234	24,5	
11	1,3	2,1	»	»	321	235	26,8	
12	1,8	2,9	»	»	334	246	26,3	

1 : R = Rohwasser; 2 : Schl I = Abfluß aus primärer Schlacke.

Bezüglich der qualitativen Leistung dieses groben Materials zeigen sich keine wesentlichen Unterschiede von den bei Versuch M erzielten Resultaten. Die Durchsichtigkeit und der Geruch der Abflüsse war wie bei grober Coke. Die Herabsetzung der Oxydierbarkeit betrug 26,1 % gegenüber 28,2 % bei M.

Die Steinkohlenschlacke nahm ursprünglich 475 l pro Kubikmeter Material auf. Nach 150 Füllungen war die Aufnahmefähigkeit auf 408 l gesunken, um dann bei den nächsten Füllungen nur eine unbedeutende Abnahme zu zeigen. Bei der 500. Füllung betrug die Aufnahmefähigkeit noch 400 l für den Kubikmeter Material. Nach 1100 Füllungen war die Aufnahmefähigkeit auf 391 l gesunken. Eine einmonatliche Lüftungsperiode ließ keinen nennenswerten Effekt erkennen.

Tabelle 40.

Anzahl der Füllungen	Aufnahmefähigkeit pro 1 cbm Material in Litern f. 1 Füllung	Bemerkungen
1— 50	464	Ursprüngliches Porenvolumen pro 1 cbm Material 475 l
51— 100	439	6 × täglich gefüllt
101— 150	408	
151— 200	396	
201— 250	400	
251— 300	396	
301— 350	404	
351— 400	387	
401— 450	376	
451— 500	400	
501— 550	401	
551— 600	385	3 × täglich gefüllt
601— 650	405	
651— 700	402	
701— 750	409	
751— 800	407	
801— 850	403	
851— 900	399	
901— 950	400	
1 Monat Lüftungsperiode		
951—1000	402	
1001—1050	391	
1051—1100	391	

Die Regenerierung des Oxydationskörpers läfst sich in gleicher Weise durch einfaches Abspülen erzielen wie bei den früher beschriebenen Versuchen.

Unter der Annahme, dafs während zweier Jahre eine 3malige Reinigung des Oxydationskörpers nötig wäre, stellen sich unter den früher ermittelten Grundsätzen die Kosten der Reinigung für 1 cbm Abwasser auf 0,70 Pf. und pro Kopf und Jahr auf 28 Pf. gegenüber 1,09 Pf. resp. 43,6 Pf. bei Versuch M und 1,06 Pf. resp. 42,4 Pf. bei Versuch L. Der Gebrauch von Schlacke stellt sich also wesentlich billiger, wie die Benutzung von Coke.

Versuch O.

Oxydationskörper: O-Kies, Korngröfse 10—30 mm.

Füllung . . . .   3 mal täglich.
Dauer des Vollstehens: 2 Stunden.
Dauer des Leerstehens: 2, bezw. 2, bezw.
                        14 Stunden.

Die in diesem Oxydationskörper erzielten Reinigungseffekte sind infolge des 2 stündigen Vollstehens des Oxydationskörpers besser als bei den eben beschriebenen Versuchen. Wie Tabelle No. 41 zeigt,

Tabelle 41.

Betriebsmonat	Durchsichtigkeit in cm		Geruch		Oxydierbarkeit mg Kalium-Permanganatverbrauch pro Liter			Bemerkungen
	R_1	$K L_2$	R	K I	R	K I	Herabsetzung in %	
1	2,8	4,0	fäkalisch	fäkalisch	282	205	27,8	Vollstehen 2 h im Oxydationskörper
2	2,6	4,5	»	schwach fäkalisch	302	181	40,1	
3	2,5	4,4	»	schwach fäkal. — kohlartig	318	149	53,1	
4	2,8	4,6	»	» »	336	155	53,9	
5	2,5	3,8	»	» »	360	192	46,7	
6	2,5	5,2	»	modrig	316	156	50,6	
7	2,2	3,7	»	schwach fäkalisch	425	210	50,6	
8	1,0	3,0	»	stark modrig	426	174	59,2	
9	1,0	2,0	»	fäkalisch	458	216	52,8	
			1 Monat Lüftungsperiode					
10	1,0	1,7	fäkalisch	modrig	310	200	35,5	
11	1,3	2,7	»	schwach fäk.-modr.	321	163	49,2	
12	1,8	3,3	»	» » »	334	169	49,4	

1 : R = Rohwasser; 2 : K I = Abflufs aus primärem Kies.

stieg die Durchsichtigkeit in den Abflüssen gelegentlich auf 5,2 cm
gegenüber 2,5 cm im Rohwasser. Der Geruch der Abflüsse war nur
während der ersten Betriebszeit schwach fäkalisch, bezw. kohlartig.
Späterhin zeigten die Abflüsse einen moderigen bis stark moderigen
Geruch. In verschlossener Flasche aufbewahrt war nur in seltenen
Fällen ein Fäulnis- bezw. Schwefelwasserstoffgeruch zu bemerken.
Die durchschnittliche Herabsetzung der Oxydierbarkeit belief sich
auf 47,4%.

Tabelle 42.

Anzahl der Füllungen	Aufnahme-fähigkeit pro 1 cbm Material in Litern f. 1 Füllung	Bemerkungen
1— 50	337	Vollstehen 2 h im Oxydations-körper
51—100	320	Ursprüngliches Porenvolumen
101—150	300	pro 1 cbm Material 346 l
151—200	278	
201—250	261	
251—300	256	
301—350	256	
351—400	256	
401—450	231	
451—500	231	
501—550	256	
551—600	228	
601—650	251	
1 Monat Lüftungsperiode		
651—700	261	
701—750	256	
751—800	256	
801—850	256	
851—900	256	

Das ursprüngliche Porenvolumen des Kieskörpers belief sich auf
nur 346 l pro Kubikmeter Material, und nach etwa 600 Füllungen
nahm der Körper, wie Tabelle 42 erkennen läfst, nur noch
251 l pro Kubikmeter Material auf. Nach einmonatlicher Lüftungsperiode stieg die Aufnahmefähigkeit um ein Unbedeutendes und
betrug nach 900 Füllungen noch 256 l. Das quantitative Ergebnis
stellt sich also bei Kies wiederum weit ungünstiger als bei Schlacke.
    Durch Abspülen läfst sich der Oxydationskörper in der einfachsten
Weise wieder regenerieren. Die Reinigungskosten stellen sich für

1 cbm Abwasser unter Annahme einer 3maligen Reinigung in 2 Jahren auf 1,46 Pf. und pro Kopf und Jahr auf 58,4 Pf., sind mithin mehr als doppelt so hoch als bei Verwendung von Schlacke und selbst bedeutend höher als bei Benutzung von Coke. Demgegenüber ist aber hervorzuheben, daſs der Reinigungseffekt infolge des längeren Vollstehens in Versuch O ein besserer war.

Versuch P.

Oxydationskörper: P-Ziegel, Korngröſse 10—30 mm.

Füllung	3 mal täglich.
Dauer des Vollstehens:	2 Stunden.
Dauer des Leerstehens:	2, bezw. 2, bezw.
	14 Stunden.

Bezüglich der qualitativen Leistung (siehe Tabelle 43) hat der Ziegeloxydationskörper etwas besser gearbeitet als der Kiesoxydationskörper (Versuch O). Die Durchsichtigkeit der Abflüsse war etwas geringer. Die durchschnittliche Herabsetzung der Oxydierbarkeit betrug 47,8% gegenüber 47,4 % bei O. Der Geruch der Abflüsse war wie bei Versuch O moderig, bezw. stark moderig, in seltenen Fällen schwach fäkalisch.

·Tabelle 43.

Betriebsmonat	Durchsichtigkeit in cm		Geruch		Oxydierbarkeit mg Kalium-Permanganatverbrauch pro Liter			Bemerkungen
	R_1	$Z I_2$	R	Z I	R	Z I	Herabsetzung in %	
1	2,8	4,2	fäkalisch	fäkalisch	282	199	29,4	Vollstehen 2 h im Oxydationskörper
2	2,6	4,5	»	schwach fäkalisch bis stark modrig	302	186	38,4	
3	2,5	4,0	»	*	318	155	51,3	
					8 Tage Lüftung			
4	2,8	3,8	»	*	336	172	48,8	
5	2,5	·3,5	»	*	360	174	51,7	
6	2,5	4,7	»	*	316	168	46,8	
7	2,2	4,0	»	schwach fäkalisch	425	224	47,3	
8	1,0	3,0	»	modrig	426	182	57,3	
9	1,0	2,2	»	fäkalisch	458	213	53,5	
			1 Monat Lüftungsperiode		·			
10	1,0	2,2	fäkalisch	modrig	310	195	37,1	Geruch 1 ✕ fäkalisch
11	1,3	3,1	»	»	321	149	53,6	
12	1,8	4,1	»	kohlartig	334	141	57,8	

1 : R = Rohwasser; 2 : Z I = Abfluſs aus primären Ziegelbrocken.

Der Ziegeloxydationskörper zeigte ein ursprüngliches Porenvolumen von 435 l. Die ursprüngliche Aufnahmefähigkeit war mithin bedeutend größer als bei dem Kiesoxydationskörper, dagegen etwas geringer als bei Steinkohlenschlacke und ebenso groß wie bei dem groben Cokeoxydationskörper. Nach 800 Füllungen nahm der Ziegeloxydationskörper nur noch 284 l pro Kubikmeter Material auf, während der Cokeoxydationskörper nach der gleichen Anzahl Füllungen noch 368 l Abwasser fassen konnte. Wie nachstehende Tabelle erkennen läßt, fiel die Aufnahmefähigkeit nach der 300. Füllung auf 331 l, nach 650 Füllungen auf 295 l. Eine einen Monat lange Lüftungsperiode ließ keinen nennenswerten Effekt erkennen.

Nehmen wir eine 3malige Entschlammung des Körpers in 2 Jahren an, so betragen die Kosten der Reinigung eines Kubikmeters Abwasser 1,14 Pf. Pro Kopf und Jahr belaufen sich die Kosten auf 45,6 Pf. Sie stellen sich demnach niedriger als bei Kies, jedoch höher als bei Schlacke.

Tabelle 44.

Anzahl der Füllungen	Aufnahmefähigkeit pro 1 cbm Material in Litern f. 1 Füllung	Bemerkungen
1— 50	425	Vollstehen 2 h im Oxydationskörper
51—100	390	Ursprüngliches Porenvolumen 435 l pro 1 cbm Material
101—150	369	
151—200	334	
	7 tägige Lüftungsperiode	
201—250	358	
251—300	331	
301—350	331	
351—400	335	
401—450	330	
451—500	335	
501—550	323	
551—600	330	
601—650	295	
	1 Monat Lüftungsperiode	
651—700	307	
701—750	292	
751—800	284	

Kapitel VI.
Nachbehandlung der Schlackenabflüsse.

Bei den besprochenen Versuchen wurde zum Aufbau der Oxydationskörper so grobes Material verwendet, daſs auf eine Ausscheidung der ungelösten Stoffe bis zur vollständigen Klärung der Abwässer von vornherein nicht gerechnet werden durfte. Auch war der von uns gewählte Betriebsmodus ein wenig schonender. Die Körper wurden nicht, wie bei der Trinkwasserfiltration, vorsichtig gefüllt und entleert, sondern die Manipulationen erfolgten sozusagen ruckweise. Trotzdem wurde aber der gröſste Teil der ungelösten Bestandteile der Abwässer in dem Körper zurückgehalten. Wenngleich die Abflüsse aus dem Körper zunächst getrübt erschienen, so klärten sie sich im Laufe einiger Tage doch vollständig unter Abscheidung eines verhältnismäſsig auſserordentlich geringen Bodensatzes.

In sehr vielen, wir möchten glauben in den meisten Fällen der Praxis wird auf eine vollständige Klärung der Abwässer weniger Wert zu legen sein als auf eine vollständige Beseitigung ihrer Fäulnisfähigkeit. Immerhin dürften auch Fälle vorkommen, wo neben der durchgreifenden Reinigung auch eine vollständige Klärung der Abwässer erwünscht sein könnte, z. B. wenn das behandelte Wasser zu industriellen Zwecken verwendet werden soll. Wir haben diese Aufgabe fortgesetzt im Auge behalten. Schon in einer früheren Veröffentlichung (2 S. 664) konnten wir darauf hinweisen, daſs die Abwässer durch die Behandlung im Oxydationskörper filtrierbar werden, d. h. daſs man bei Anwendung geeigneter Sandfilter ein durchaus klares Filtrat erhält. Bei ungereinigten Abwässern läſst sich dieser Effekt bekanntlich durch Sandfiltration nicht erzielen.

Die Sandfiltration der Abflüsse aus dem Oxydationskörper bewirkt auſser einer sehr gründlichen Klärung auch noch eine weitere Herabsetzung der Oxydierbarkeit, des Gehaltes an organischem Stickstoff, insbesondere auch an Ammoniak und an anderen gelösten Bestandteilen. Der erdig-moderige Geruch der Schlackenabflüsse wird durch die Behandlung mit Sand vollständig beseitigt. Die Sandabflüsse haben im Vergleich zu Flußwasser, bezw. zu filtriertem Flußwasser, einen ganz auffallend frischen Geruch.

Nach unseren Beobachtungen bedürfen auch die Sandfilter einer gewissen Reifung ebenso wie die Oxydationskörper, ehe sie die eben beschriebenen Wirkungen entfalten. Gießt man die Schlackenabflüsse durch einen frischen, noch ungebrauchten Sand, so fließen sie mit annähernd unverändertem Aussehen durch denselben hindurch. Läßt man aber die Schlackenabflüsse in einem solchen frischen Sande $1/2$ Stunde stehen, so erhält man krystallklare Abflüsse. Nach etwa 8 tägigem Betriebe kann man die Einwirkungsdauer auf etwa $1/4$ Stunde abkürzen, später auf 10, 5, 2 Minuten, und schließlich nach etwa 3 Wochen bedarf es nur noch eines Hindurchfließens der Abwässer durch den Sand, um die beschriebenen günstigsten Resultate zu erzielen. Da nun, wie wiederholt bemerkt wurde, die Trübung der Schlackenabflüsse in erster Linie auf deren Eisengehalt zurückzuführen ist, so liegt der Gedanke nahe, daß die Verhältnisse so liegen wie bei dem Enteisenungsverfahren, daß nämlich die Bildung von Eisenoxydhydrat der Reifung zu Grunde liegt. Neben dem Eisen werden aber auch, wie schon erwähnt, durch die gereiften Sandfilter andere Substanzen in erheblichem Maße zurückgehalten.

Nicht nur Krankenhausabwässer, sondern auch die verschiedenartigsten Schmutzwässer vermochten wir nach Anwendung des Oxydationsverfahrens durch geeignete Verwendung von Sandfiltern in ein völlig klares, farb- und geruchloses Produkt zu verwandeln.

Ungünstiger als bei dem reinen Oxydationsverfahren liegen die Verhältnisse bei dem Faulkammerverfahren, sobald es sich um einen forcierten Betrieb handelt. Bei schonendem Betriebe lassen sich die vorgefaulten, dann im Oxydationskörper behandelten Abwässer ebenfalls durch Sand in ein vollständig klares Produkt verwandeln. Sobald man aber dazu schreitet, das Sandfilter täglich dreimal mit solchen Abwässern zu füllen, läuft aus dem Sande ein weniger günstiges Reinigungsprodukt ab. Selbst in Fällen, wo das Sandfilter nur täglich zweimal benutzt wurde, wurde ein klares Filtrat nur in dem Falle erzielt, daß man die Abwässer mindestens 2 Minuten stehen ließ. Durch einfaches Filtrieren wurde ein so völlig klares Produkt wie bei dem einfachen Oxydationsverfahren nicht erzielt. In der nachstehenden Tabelle sind die Ergebnisse der Sandfiltration für das Faulkammerverfahren und für das Oxydationsverfahren in Vergleich gestellt, und zwar nachdem die Sandfilter in beiden Fällen in gleichem Maße gereift waren. Die Oxydierbarkeit der Rohwässer erscheint bei dem Faulkammerverfahren geringer als bei dem Oxydationsverfahren, weil sie durch den Faulprozeß herabgesetzt ist.

Tabelle 45.
Sand-Nachbehandlung.

Vollstehen	Faulverfahren 30 Minuten			Oxydations-verfahren direct filtriert		
	Äufsere Beschaffenheit des Sandabflusses					
Klarheit	fast klar bis klar			selten opalescierend; sonst klar		
Durchsichtigkeit	22,0—28,6 cm			30—60 cm		
Geruch	schwach erdig bis geruchlos			schwach erdig bis geruchlos		
Farbe	schwach gelblich bis farblos			schwach gelblich bis farblos		
Bodensatz	0			0		
	R¹	Schl²	S³	R¹	Schl²	S³
	In 1 l sind enthalten Milligramme					
Suspendierte Stoffe	—	—	0	—	—	0
Abdampfrückstand	913	840	874	640	663	702
Abdampf-Glühverlust	190	118	94	153	143	103
Ammoniak	35,6	20,0	6,3	25,5	12,9	2,2
Salpetersäure	0	0	45,1	Spur	31,5	110,0
Salpetrige Säure	0	0	1,5	—	—	—
Organischer Stickstoff	13,8	6,7	4,9	—	—	—
Oxydierbarkeit	209	98	67	364	111	65

1 : R = Rohwasser, 2 : Schl. = Schlackeabflufs, 3 : S = Sandabflufs.

Kapitel VII.
Verschlammung und Regenerierung.

Das Oxydationsverfahren ist abgeleitet von der intermittierenden Filtration. Von der letzteren ist die Ansicht sehr verbreitet, daſs die Filter beliebig lange im Betrieb gehalten werden könnten, ohne daſs ihre Verschlammung zu befürchten wäre. Erst kürzlich hat sich Dünkelberg dahin geäuſsert. Dünkelberg glaubt auf Grund einiger von ihm ausgeführten Versuche, daſs man pro Quadratmeter der intermittierenden Filter täglich sogar 1000 l[1]) zu reinigen vermöchte, ohne daſs die Filter verschlammten. Dabei hat Dünkelberg Filter im Auge, deren Material eine Korngröſse von 2—0,01 mm aufweist. Wie falsch eine solche Auffassung ist, geht daraus hervor, daſs selbst bei Anwendung eines Kieses von 3—7 mm Korngröſse und einem Betriebe, der kaum so intensiv ist, wie Dünkelberg sich denselben bei dem von ihm beschriebenen Filter denkt, eine Verschlammung sich schon innerhalb einiger Monate einstellt. Nur wo man die Kontrolle der quantitativen Leistungen ganz auſser Auge läſst, kann sich die allmähliche, aber sichere Verschlammung der intermittierenden Filter, bezw. der Oxydationskörper, der Beobachtung entziehen. In England hat die Thatsache, daſs mit einer Verschlammung der Oxydationskörper zu rechnen sei, allmählich Eingang gefunden. Freilich rechnen dort manche Autoren hauptsächlich nur mit einer Verschlammung der Oxydationskörper, wie sie durch Sand und ähnlichen mineralischen Detritus bedingt wird. Um jedweden Zweifel daran zu beseitigen, daſs die Verschlammung der Oxydationskörper schon allein durch diejenigen Schmutzstoffe bewirkt wird, welche vermittelst der Absorptionswirkungen zurückgehalten werden, bezw. durch die Verwitterungsvorgänge, haben wir eine Serie von Experimenten durchgeführt, bei denen die Oxydationskörper einerseits mit reinem filtrierten Fluſswasser beschickt wurden, anderseits mit filtriertem Abwasser, ferner mit

---

[1]) Bei Einberechnung der Ruhepausen $\frac{1}{3}$ cbm.

Abwässern, die durch verschiedene Chemikalien vollständig geklärt waren, schliefslich auch mit filtriertem Flufswasser, dem ein Zusatz von 1 % Urin gegeben war. Zum Vergleich wurde ein Oxydations- körper derselben Konstruktion gleichzeitig mit Abwasser beschickt, welchem verhältnismäfsig grofse Mengen Kot zugesetzt waren. Diese Oxydationskörper wurden 4 Monate hindurch täglich gefüllt und nach etwa 4 stündigem Verweilen der Flüssigkeit in denselben entleert. Die erzielten Ergebnisse finden sich in der nachstehenden Tabelle.

Tabelle 46.

Cokeoxydationskörper, mit verschiedenen Abwässern beschickt.

Datum 1900	Nr. der Füllung	I Leitungswasser	II Verdünnt. Urin	III Abwasser filtriert	IV Abwasser unfiltriert	V Leitungswasser mit Kot	VI Abwasser geklärt mit Kalk	VII Kalk + Eisen	VIII Fe Cl3
		Aufnahmefähigkeit in Litern pro 1 cbm Material							
9./4.	1	479	470	484	482	477			
10./4.	2	400	392	439	418	432	414	475	480
17./4.	8	403	384	437	409	402	420	416	478
23./4.	14	403	380	421	403	410	398	431	440
30./4.	21	400	390	426	392	407	386	435	433
7./5.	28	401	379	413	381	404	391	434	429
14./5.	35	402	379	402	378	388	384	416	429
21./5.	42	401	374	394	373	381	375	411	413
30./5.	51	402	379	394	373	381	375	425	411
11./6.	63	421	386	383	398	393	424	428	411
18./6.	69	402	392	413	392	390	377	434	405
26./6.	75	415	383	406	415	390	376	400	391
16./7.	92	416	396	433	380	390	387	401	375
23./7.	98	407	393	433	380	385	387	401	375
7./8	113	407	398	401	378	374	372	401	375
15./8.	121	407	390	400	378	361	373	400	375
28./8.	134	402	371	396	374	357	365	399	365
Abnahme der Aufnahme- fähigkeit in %		16,1	21,1	18,2	22,4	26,6	17,8	16	28,9

Diese Tabelle zeigt, dafs selbst bei Beschickung des Oxydations- körpers mit Leitungswasser (I) seine Aufnahmefähigkeit nach 134 Füllungen um etwa 16 % abgenommen hatte. Leitungswasser und Urinzusatz (II), also ebenfalls eine vollkommen klare Flüssigkeit, bei der irgend welche Niederschläge durch chemische Reaktionen in dem

Oxydationskörper nicht zu erwarten waren, sondern nur Absorptionswirkungen zur Geltung kamen, bewirkte in demselben Zeitraum eine
Abnahme der Aufnahmefähigkeit um reichlich 21 %, filtriertes Abwasser
(III) in demselben Zeitraum bei gleicher Betriebsweise eine Abnahme
von 18,2 % und unfiltriertes Abwasser (IV) eine Abnahme von etwa
22^1/$_2$ %.

Die durch Chemikalien geklärten Abwässer wurden zwecks Fern-
haltung jeglicher Sedimente von den Oxydationskörpern jeweils
vor der Beschickung durch Filtrierpapier filtriert. Nach 134 Füllungen nahm trotzdem in dem mit Kalk behandelten Wasser die Aufnahmefähigkeit um 17,8 % ab, bei Kalk- und Eisenbehandlung um
16 %, bei der Eisenbehandlung um 23,9 %. Die Aufnahmefähigkeit
desjenigen Oxydationskörpers, der mit Leitungswasser beschickt wurde,
welchem 1 : 1000 Teile Kot zugesetzt war, nahm in derselben Zeit
um 26,6 % ab.

Diese Versuche zeigen in überzeugender Weise, daß selbst bei
künstlicher Erhöhung des Gehaltes der Abwässer an schwebenden

Tabelle

Rohwasser.

Art des Roh-wassers	Klar-heit	Durch-sichtigkeit cm	Ge-ruch	Farbe	Boden-satz	Oxydier-barkeit Kal. Pmgt. verbr. mg	Oxydier-barkeit Herab-setzung in %	Am-mo-niak	Sal-peter-säure	Salpe-trige Säure
						mg pro 1 l filtr. Abwasser				
Abwasser unfiltriert	etwas trübe	1,0	fäkal.	gelb-grau	reichl. grau-gelb	404		25,0	0	0
Abwasser filtriert	trübe	3,0	fäkal.	grau	0	404		25,0	0	0
Abwasser + Kalk	klar	70,0	fäkal. nach Kalk	farb-los	0	272	32,7	21,8	0	Spur
Abwasser +Kalk+Fe	klar	70,0	fäkal. nach Kalk	farb-los	0	272	32,7	22,4	0	Spur
Abwasser + Fe	klar	70,0	fäkal.	farb-los	0	284	29,7	24,0	0	Spur
Urin verdünnt	klar	77,0	nach Urin	farb-los	0	237		13,6	Spur	0
Fäkal-wasser	etwas trübe	0,5	fäkal.	braun-gelb	reichl. braun	183		2,9	0	0

Schmutzstoffen eine beträchtliche Beschleunigung des Verschlammungs-
prozesses nicht bewirkt wird, sofern die ungelösten Stoffe zersetzungs-
fähiger Natur sind.

Bei den oben erwähnten Versuchen mit Abwässern, die einer Vorbehandlung mit Chemikalien unterlegen hatten, möchten wir etwas
stehen bleiben.

Bekanntlich verbreitete sich vor einigen Jahren die Auffassung,
als ob das Oxydationsverfahren nur in solchen Fällen günstige Erfolge
erwarten ließe, wo die Abwässer einer Vorbehandlung durch Kalk
unterzogen würden, ehe man sie in die Oxydationskörper leitete. Schon
früher haben wir darauf hingewiesen, daß ein Zusatz von Kalk den
Reinigungsprozeß nicht in nennenswerter Weise fördert. Die Ergebnisse
oben beschriebener Versuche, die übrigens noch durch anderweitige
Versuche gestützt werden, bestärken uns in unserer Auffassung.

Was zunächst den Effekt der chemischen Vorbehandlung an und
für sich betrifft, so wurde bei sämtlichen hier in Frage kommenden

47.

Abfluß aus Coke-Oxydationskörper.

Füllung seit Beginn	Klar- heit	Durch- sichtigkeit cm	Ge- ruch	Farbe	Boden- satz	mg pro 1 l filtr. Abwasser				
						Oxydier- barkeit		Am- mo- niak	Sal- peter- säure	Salpe- trige Säure
						Kal. Pmgt. verbr. mg	Herab- setzung in %			
91	trübe	5,0	modr.	grau	wenig gelblich	107	73,5	21,8	0	0
91	schwach trübe	8,0	modr	grau	Spur. gelb	92	77,2	21,6	0	0
85	klar	21,0	kohl- artig	farb- los	flocken schwarz	202	50,0	22,6	0	0
85	klar	26,0	kohl- artig	farb- los	Spur. grau	209	48,3	21,8	0	0
85	opales- zierend	19,0	modr.	farb- los	0	76	81,2	31,2	0	0
91	fast klar	20,0	schw. nach Urin	farb- los	Spur. grau	120	49,4	76,8	32,0	33,3
91	stark trübe	1,3	schw. erdig	gelb- lich	wenig gelb	161	12	1,4	0	0

Versuchen eine völlige Klärung der Abwässer erreicht. Die Oxydierbarkeit der Abwässer wurde durch die vorgenommene Klärung bei Anwendung von Kalk in der Regel um etwa 30 % herabgesetzt, bei Anwendung von Kalk und Eisen ebenfalls um etwa 30 %, bei Anwendung von Eisen allein ebenfalls um etwa 30 %. Wurden nun die dergestalt geklärten und gereinigten Abwässer in die Oxydationskörper gebracht, so erhielten wir bei dem auf chemischem Wege gereinigten Abwasser nicht etwa bessere, sondern schlechtere Resultate, als bei Anwendung roher Abwässer. Die vorstehende Tabelle 47 enthält die Ergebnisse eines der nach dieser Richtung ausgeführten Versuche.

Die Oxydierbarkeit der rohen Abwässer wurde um etwa 75 % herabgesetzt, diejenige des mit Kalk vorgeklärten Abwassers dagegen nur um 50 %; die Oxydierbarkeit des mit Eisen vorgeklärten Abwassers wurde um etwa 80 % herabgesetzt. Die letztgenannten Werte erhielten wir, indem die Analysen der Abflüsse aus den Oxydationskörpern in Vergleich gesetzt wurden zu denjenigen des nicht vorbehandelten Abwassers. Die Vorklärung mit Eisen beeinflußt den Prozeß mithin günstig, die Vorbehandlung mit Kalk wirkt aber ungünstig.

Auch die Salpetersäurebildung ist durch Zusatz von Kalk nicht etwa erhöht, sondern vollständig sistiert worden. Die nach dieser Richtung in Bezug auf Kalkzusatz von verschiedenen Seiten erweckten Hoffnungen haben sich also auch in diesen Versuchen nicht bestätigt gefunden.

In betreff derjenigen Faktoren, welche von Einfluß sind auf die Menge des entstehenden Schlammes, läßt sich auf Grund unserer bisherigen Erfahrungen folgendes sagen: Von Einfluß auf die Menge des gebildeten Schlammes sind in erster Linie:

1. Die Art des zur Herstellung der Oxydationskörper verwendeten Materials,
2. die Korngröße des Materials,
3. die Art der zur Verwendung kommenden Abwässer,
4. die absolute Menge der behandelten Abwässer,
5. die Häufigkeit, mit welcher der Oxydationskörper innerhalb eines gewissen Zeitraumes gefüllt wurde.

Die Annahme, daß die Art des zum Aufbau des Oxydationskörpers verwendeten Materials von Einfluß sein muß, liegt angesichts der intensiven Verwitterungsprozesse, die sich darin abspielen, sehr nahe. Beweisend dafür sind die folgenden Zahlen. Dieselben geben an, wieviel Schlamm in den verschiedenartigen Materialien gebildet wurde bei vollständig gleichartigem Betrieb.

Tabelle 48.

Einfluß der Art des Materials auf die Menge des
gebildeten Schlammes.

Korn-größe in mm	Art des Materials	Drainierter Schlamm in Lit. pro 1 cbm Material	Farbe des drainierten Schlammes
3—7	Schlacke	82,2	schwarzgrau
3—7	Bimstein	56,7	bräunlichgrau
3—7	Holzkohle	50,0	tiefschwarz
3—7	Tierkohle	54,4	tiefschwarz

Eine weitere Bestätigung bringt die nachstehende Tabelle, in welcher
Coke und Kies zu einander in Vergleich gestellt sind. Gleichzeitig
geht aus dieser Tabelle der Einfluß der Korngröße hervor. Die angeführten Schlammmengen wurden nach 80 maliger Füllung erzielt.

Tabelle 49.

Einfluß der Art des Materials und der Korngröße auf die entstehende
Schlammmenge.

Art des Materials	Korngröße in mm	Drainierter Schlamm in Lit. pro 1 cbm Material	
Coke	2—3	45,5	Nach 80 Füllungen.
»	3—5	45,0	
»	5—7	44,3	
»	7—10	41,8	
»	10—20	26,0	
Kies	2—3	31,3	
»	3—5	29,9	
»	5—7	27,1	
Kies mit Eisen	5—7	46,7	
» » Kalk	5—7	33,8	
Kies	7—10	26,9	
Kies mit Kalk	7—10	33,1	
Kies	10—20	22,5	

Tabelle 50.

Verhältnis der gebildeten Schlammmenge zu der behandelten Abwassermenge nebst Vergleich des Einflusses von Material und Korngröße.

Art des Versuchs	B Schlacke, 3—7 mm					C Schlacke, 3—7 mm				L Coke 10—30 mm		N Schlacke 10—30 mm	O Kies 10—30 mm	P Ziegel 10—30 mm
Anzahl der Füllungen	181	378	529	537	725	348	363	873	701	816	1660	1172	955	900
Menge des Abwassers in Kubikmetern pro 1 cbm Oxydationskörper	54,6	107,3	165,5	167,5	209,5	107,8	111,8	125,3	175,2	274,8	552,1	488,2	255,9	302,1
Schlamm daraus in Litern pro 1 cbm Oxydationskörper	82,3	151,0	240	258	278	156	180	210	295	148	189	82,7	71,9	188,7
Schlamm in Litern pro 1 cbm Abwasser	1,51	1,41	1,45	1,54	1,33	1,45	1,61	1,68	1,68	0,54	0,34	0,17	0,28	0,44

Tabelle 51.

Schlammmengen in sekundären Oxydationskörpern, berechnet auf 1 cbm behandelten Abwassers.

Art des Versuches	D Schlacke 3—7 mm		E Kies 3—7 mm		F Coke 3—7 mm			G Schlacke 5—10 mm	H Coke 5—10 mm	J Kies 5—10 mm	K Kies + Eisen 5—10 mm
Anzahl der Füllungen . . .	348	594	242	885	325	419	970	850	914	884	844
Menge des Abwassers in Kubikmetern pro 1 cbm Oxydationskörper .	131,1	206,8	86,5	182,5	100,3	127,6	253,2	226,9	258,6	181,2	181,5
Schlamm daraus in Litern pro 1 cbm Oxydationskörper .	55,0	86	56	128	54	108	160	76,2	93,9	82,8	118,3
Schlamm in Litern pro 1 cbm Abwasser .	0,42	0,42	0,65	0,70	0,54	0,85	0,63	0,34	0,36	0,46	0,65

Die Tabelle zeigt, dafs bei gleicher Korngröfse und bei gleicher
Beschickung die Abwässer in Coke 32,1% mehr Schlamm gebildet
haben als im Kies, dafs anderseits sowohl bei der Coke wie auch beim
Kies von kleineren Korngröfsen mehr Schlamm entstand als bei demselben Material, sobald höhere Korngröfsen zur Anwendung kamen.
Die letztangeführte Thatsache ist in erster Linie darauf zurückzuführen,
dafs in dem feineren Material, abgesehen von der wirksameren Filtration, die Absorptionswirkungen und damit einhergehend auch die
Verwitterungsprozesse intensiver verlaufen als im gröberen Material.

Dafs aufser den beiden genannten Faktoren auch die Menge des
Abwassers von Einflufs ist auf die entstehende Schlammmenge, wird
durch Tabelle 50 (s. S. 102) bewiesen.

Zunächst zeigt die vorstehende Übersicht, dafs bei sämtlichen
Versuchen die Schlammmenge mit der Menge der zugeleiteten Abwässer steigt. Aus der letzten Zeile der Tabelle geht hervor, dafs die
Schlammmenge ganz proportional der Menge der zugeleiteten Abwässer
steigt, so dafs sie in den verschiedenen Betriebsstadien, auf 1 cbm
des bis dahin zugeleiteten Abwassers berechnet, fast vollständig über-
einstimmende Zahlen ergibt. Ferner geht aus dieser Tabelle in Bestätigung des weiter oben Gesagten hervor, dafs sich in grobkörnigen
Oxydationskörpern pro Kubikmeter Abwasser weit weniger Schlamm
ergibt als in feinkörnigeren.

Bei dem doppelten Oxydationsverfahren finden sich in den sekundären Körpern weit geringere Schlammmengen, berechnet auf den
Kubikmeter Abwasser, als bei dem einfachen Oxydationsverfahren bei
Anwendung von Oxydationskörpern gleicher Konstruktion. In die
Tabelle 51 (s. S. 103) sind die Schlammmengen eingetragen worden,
welche wir in unseren sekundären Oxydationskörpern fanden. Sie
betragen nur etwa 1/3 derjenigen Schlammmengen, die wir pro Kubikmeter Abwasser in den einfachen Oxydationskörpern fanden.

Tabelle 51 zeigt auch, dafs in den gröberen sekundären Körpern
sich weniger Schlamm ablagert als in den aus feinerem Material hergestellten. Zählt man zu der in diesen sekundären Oxydationskörpern
gefundenen Schlammmenge noch diejenige hinzu, welche in den primären Körpern nachgewiesen wurde, so erhält man pro Kubikmeter
behandelten Abwassers nur etwa 2/3 der Schlammmenge, die sich bei
dem einfachen Verfahren ergibt.

Was schliefslich die Frage über den Einflufs der Häufigkeit der
Beschickungen, berechnet auf die Zeiteinheit, anbetrifft, so zeigt die
Tabelle 50, dafs bei Versuch B (täglich einmalige Füllung) sich nach
etwa 700 Füllungen pro Kubikmeter behandelten Abwassers 1,33 l
Schlamm gebildet hatten, im Versuch C, der, abgesehen davon, dafs

der Körper nicht einmal, sondern zweimal täglich beschickt wurde, mit Versuch B völlig übereinstimmt, dagegen 1,68 l.

Am meisten Schlamm bildet sich naturgemäſs an der Oberfläche der Oxydationskörper, hauptsächlich infolge der mechanischen Filtrationswirkung und der dadurch veranlaſsten intensiveren Verwitterungsvorgänge. In der nachstehenden Tabelle sind die Schlammmengen zusammengestellt, welche sich bei Versuch B und C in den verschiedenen Tiefen des Oxydationskörpers in Abständen von je 10 bezw. 20 cm fanden.

Tabelle 52.

Schlammmengen in verschiedenen Tiefen des Oxydationskörpers.

Korn-gröſse in mm	Tiefe des Oxydations-körpers i. cm	Drainierter Schlamm in Litern pro 1 cbm Material	
		B	C
3—7	10—20	278	258
	20—30	257	238
	30—50	194	182
	50—70	164	180
	70—90	172	190
10—30	90—100	76	99

Bei beiden Versuchen finden sich bis zu einer Tiefe von ca. 30 cm erheblich gröſsere Schlammmengen als in den tieferen Schichten. Bei Versuch C, d. h. bei dem Versuche, wo intensiverer Betrieb zur Anwendung kam, ist die Verteilung der Schlammmengen in verschiedenen Tiefen jedoch eine etwas gleichmäſsigere als bei mehr schonendem Betriebe.

Auf Grund dieser und der weiter unten noch mitgeteilten Beobachtungen betonen wir nochmals auf das bestimmteste, daſs man bei Anwendung des Oxydationsverfahrens, einerlei ob man die Oxydationskörper aus Coke, Schlacke, Kies oder anderem Material herstellt, auf eine mit der Zeit zunehmende Verschlammung dieser Oxydationskörper rechnen muſs, und daſs die Oxydationskörper mit der Zeit in ihrer quantitativen Leistung dadurch schlieſslich in solchem Maſse beeinträchtigt werden, daſs sich ihr Betrieb nur durch eine Regeneration aufrecht erhalten läſst. Über die wichtige Frage, in welchem Maſse die Verschlammung bei den verschiedenen Materialien vor sich schreitet, geben die Tabellen Auskunft, welche wir unter dem Kapitel V mitgeteilt haben.

Die Frage, wie sich dieser Schlamm aus den Oxydationskörpern beseitigen lasse, erscheint nach dem Gesagten von gröſster Bedeutung

für die Beurteilung der praktischen Verwertbarkeit des Oxydationsverfahrens und soll nunmehr in Erörterung gezogen werden.

Ruheperioden.

In England scheint man auch zur Zeit noch allgemein der Auffassung zu sein, dafs eine hinreichende Regenerierung des Oxydationskörpers durch längere Ruheperioden gelingen müfste. Gewifs wäre
die Anordnung von Ruhepausen das einfachste und empfehlens-
werteste, wenn der Zweck dadurch erreicht werden könnte. Leider
müssen wir die von verschiedenen Seiten nach dieser Richtung erweckten Hoffnungen als gänzlich aussichtslos bezeichnen. Die nachstehenden Tabellen zeigen, dafs selbst durch 4 wöchentliche Ruhepausen
eine nachhaltige Erhöhung der Aufnahmefähigkeit der Oxydationskörper nicht erzielt wird.

Tabelle 53.
Einflufs der Ruhepausen auf die Aufnahmefähigkeit.

	Einfaches Verfahren					Doppeltes Verfahren										
Korngröße in mm	3-7	10—30				3—7									5—10	
Versuch . . .	C	M	N	O	P	D			E			F			G	H
Vor d. Lüftungsperiode 1 pro cbm . . .	161	407	347	256	312	352	193	182	250	151	131	286	259	230	235	273
Dauer der Lüftungsperiode in Tagen . .	8	29	29	29	29	14	7	30	14	7	30	14	7	30	29	29
Aufnahmefähigkeit n. d. Lüftungsperiode am I. Tage	228	431	370	308	335	341	273	273	237	184	217	237	288	288	290	290
» 8. »	226	407	370	256	335	307	215	205		184	158		273	230	241	290
» 15. »			347		312	205	171		158			230			235	258
» 22. »	178								131							
» 29. »	163															

Aus diesen Zahlen geht hervor, dafs freilich bei den ersten
Füllungen nach der längeren Ruhepause mehr Flüssigkeit durch die
Oxydationskörper aufgenommen wird, als vor der Ruhepause. Schon
nach wenigen Füllungen sinkt die Aufnahmefähigkeit aber bis zu dem
Mafse zurück, welches vor der Ruhepause beobachtet wurde. Es kommt

hinzu, dafs von dem während der Ruhepause vollständig eingetrockneten Schlamm nach Ablauf der Ruhepause gröfsere Mengen fortgespült, bezw. ausgelaugt werden und die Güte des Reinigungsproduktes
nachteilig beeinflussen. Die nachstehende Tabelle bringt deutlich zum
Ausdruck, dafs die prozentuale Herabsetzung der Oxydierbarkeit nach
der Ruheperiode weit geringer ist als vorher. Erst einige Zeit nach
Wiederaufnahme des Betriebes wird der ursprüngliche Reinigungseffekt
wieder erreicht.

Tabelle 54.

Einflufs der Ruheperiode auf die Abnahme der Oxydierbarkeit.

Versuch	D	E	F	G	H	J	K	L	P
Herabsetzung der Oxydierbarkeit in % vor der Lüftungsperiode	84,8	77,8	74,4	69,4	77,6	69,4	76,4	32,9	54,2
Dauer in Tagen . .	30	30	7	30	30	30	30	8	8
Nach der Lüftungsperiode am 1. Tage	67,5	67,5	62,8	51,4	31,4	31,4	43,7	22,6	49,3
» 5. »	76,7	78,3	71,7	65,8	71,7	70,9	63,4	34,0	66,0

Freilich spielen sich während der Ruhepause Zersetzungsvorgänge
in dem Oxydationskörper ab. Das geht aus der im Kapitel IV beschriebenen Bildung grofser Salpetersäuremengen hervor. Diese Prozesse
haben aber nicht eine nennenswerte Vergröfserung des Porenvolumens
zur Folge. Diese letztere Thatsache läfst sich auch experimentell
beweisen. Wir haben Oxydationskörper nach Aufserbetriebsetzung
zu verschiedenen Zeiten entschlammt und die gewonnene Schlammmenge mit folgendem Resultat bestimmt.

Tabelle 55.

Schlacke 3—7 mm		Entschlammung nach -tägiger Ruheperiode					
		sofort	10	17	24	31	47
Drainierter Schlamm in Litern pro 1 cbm Material	einmal täglich gefüllt nach 537 Füllungen	258			260		254
	zweimal täglich gefüllt nach 348 Füllungen	156	184	188		188	

Hieraus geht hervor, daſs sich die Schlammmenge während einer etwa 30—50 tägigen Ruhepause nicht verringerte. Wie wir schon bei früherer Gelegenheit betont haben, gilt das oben gesagte nur für rationell betriebene Oxydationskörper. Körper, die durch Überanstrengung in beschleunigtem Maſse verschlammt sind, und welche gröfsere Mengen unzersetzten Schlammes enthalten, zeigen nach Ruhepausen eine beträchtliche Vergröfserung der Aufnahmefähigkeit.

Selbst eine 4 Monate hindurch fortgesetzte Ruhepause hatte keine nachhaltige Vergröfserung der Kapazität des Oxydationskörpers zur Folge. Das geht aus nachstehender Tabelle hervor.

Tabelle 56.

Einfluſs einer 4 monatlichen Ruheperiode auf die Aufnahmefähigkeit.

	Füllungen seit Beginn	Liter pro 1 cbm Material Kies 3—7 mm
Urspr. Aufnahmefähigkeit		339
Aufnahmefähigkeit vor der Ruheperiode		173
1899		
6./12.	1	338
7./12.	2	203
10./12.	5	200
17./12.	12	190
20./12.	15	185
28./12.	21	175
1900		
3./1.	27	175
12./1.	36	188
29./1.	53	188
81./1.	55	175

Die ursprüngliche Aufnahmefähigkeit des Oxydationskörpers vor Inbetriebnahme belief sich auf 339 l pro Kubikmeter, Im Betrieb sank die Aufnahmefähigkeit allmählich bis auf 173 l pro Kubikmeter. Nach viermonatlicher Ruhepause betrug die Aufnahmefähigkeit bei der ersten Beschickung 338 l pro Kubikmeter, bei der 2. Beschickung jedoch nur 203 l. Schon bei der 21. Beschickung aber war die Aufnahmefähigkeit· bis auf 175 l pro Kubikmeter gesunken.

Abharken, bezw. Umgraben.

In den Berichten über die in Massachusetts mit der unterbrochenen Filtration angestellten Versuche wird darauf hingewiesen, daß man die Betriebsperioden der Filter durch regelmäßiges Abharken ihrer Oberfläche längere Zeit aufrecht erhalten könnte. Nach unseren Erfahrungen wird bei dem Oxydationsverfahren, sofern es sich um gröfsere Oxydationskörper handelt, ein derartiges Abharken der Oberfläche nur in gröfseren Zeitabschnitten sich notwendig erweisen, weil in dem groben Material sich längere Zeit hindurch Stellen finden, in die das Wasser schnell einzutreten vermag.

Wenn man einen Oxydationskörper nach längerer Betriebsdauer bis zur Spatentiefe, etwa 25 cm tief, umgräbt, so wird durch die hierdurch herbeigeführte Lockerung des an der Oberfläche befindlichen am stärksten verschlammten Materials eine Vergröfserung der Aufnahme, fähigkeit des Oxydationskörpers erzielt. Dieselbe geht aber mit der fortschreitenden Lagerung des Materials wieder vollständig zurück.

Die nachstehende Tabelle gibt über unsere einschlägigen Beobachtungen Aufschluß.

Tabelle 57.
Einflufs des Umgrabens auf die Aufnahmefähigkeit.

Aufnahmefähigkeit in Litern pro 1 cbm Material	Versuch B				Versuch C	
Vor dem Umgraben	272	257	244	235	283	220
		25 cm tief umgegraben				
Nach dem Umgraben						
am 1. Tage	316	282	285	282	306	258
» 8. »	309	268	262	255	275	239
» 15. »	294	252	244	242	266	217
» 22. »	285			233		
» 29. »	267			210		

Durch das Umstechen wird viel Schlamm von den Oxydationskörpern abgelöst und den Abflüssen aus dem Oxydationskörper mitgeteilt, so dafs diese vorübergehend in ihrem Aussehen etwas leiden. Im Kapitel IV wurde schon darauf hingewiesen, dafs ein derartiges Umgraben stets vorübergehend das Auftreten von Salpetersäure in den Abflüssen zur Folge hat.

Nach unseren Erfahrungen ist also vom häufigeren Abharken, bezw. oberflächlichen Umgraben der Oxydationskörper ebenfalls keine nachhaltige Erhöhung ihrer Aufnahmefähigkeit zu erwarten. Ein schnelleres Versickern der Abwässer kann dagegen nötigenfalls durch das Umgraben, event. auch schon durch Abharken erzielt werden.

Abwechselnde Beschickung von oben und von unten.

Selbst beim doppelten Oxydationsverfahren haben wir gelegentlich unerwartet schnell Schwierigkeiten in der Füllung des Körpers gehabt, indem der Austritt der Luft aus dem Oxydationskörper durch eine oberflächlich gebildete dünne Schlammschicht verhindert wurde. Durch häufigeres Abharken ließ sich der Übelstand nicht in befriedigender Weise beseitigen. Wir haben darauf zu folgendem Auskunftsmittel gegriffen. Die betreffenden Oxydationskörper wurden abwechselnd

Tabelle 58.
Einfluß der Füllung von oben und unten auf die Füllungsdauer.

Datum	Cokebottich F Füllung von oben	unten	Kiesbottich E Füllung von oben	unten	Schlackebottich D Füllung von oben	unten
1899						
22./8.	5'		5'		5'	
7./9.	8'		11'		5'	
16./9.	11'		16'		7'	
26./9.	17'		30'		5'	
13./10.	26'		34'		6'	
31./10.	20'		31'		6'	
30./11.	22'		gewaschen 4'		7'	
4./12.		3'	4'			6'
1900						
27./1.		4'	6'			7'
31./1.	8'		9'		6'	
6./2.	10'		7'		5'	
10./2.	19'		16'		7'	
17./2.	18'		14'		6'	
19./2.		4'		5'		6'
21./2.		5'		7'		7'
22./2.		4'		5'		5'
2./3.	4'		4'		5'	
5./3.		5'		7'		7'
5./7.	5'		7'		5'	
25./7.		3'		5'		7'
16./11.	5'		7'		8'	
1901						
5./1.		3'		7'		4'
15./2.	3'		7'		4'	

von oben und von unten gefüllt. Sie konnten bei dieser Betriebsweise etwa ein Jahr bei täglich 2—3 maliger Füllung in Betrieb gehalten werden, wobei sich die Beschickung mit Abwasser stets in
5—7 Minuten bewerkstelligen liefs. Im Hinblick auf die grofse praktische Bedeutung dieser Beobachtungen mögen die vorstehenden zahlen-
mäfsigen Belege mitgeteilt sein.

Zur näheren Erläuterung der Tabelle sei angeführt, dafs bei
Füllung von oben die Beschickung der Oxydationskörper mit Abwasser
schon nach Ablauf von etwa 2 Monaten von ursprünglich 5 Min. bei
Coke auf 20 Min., bei Kies auf 31 Min. gestiegen war. Nunmehr
wurde der Cokekörper für die Dauer von 2 Monaten von unten
gefüllt. Die Beschickung dauerte auch am Ende dieser Versuchsperiode
nur 4 Min. Darauf wurde wieder zur Zuleitung des Abwassers von
oben geschritten; dieselbe liefs sich innerhalb 8 Min. bewerkstelligen.
Nach Ablauf eines halben Monats nahm sie aber 18 Min. in Anspruch.
Die Füllung desselben Körpers von unten her gelang dann aber
innerhalb 4—5 Min.; darauf wurde 1½ Jahr hindurch der Körper
stets abwechselnd von oben und von unten gefüllt mit dem Erfolge,
dafs in beiden Fällen die Beschickung während der ganzen Versuchsperiode nur 3—5 Minuten in Anspruch nahm.

Die Versuche mit Kies und Schlacke verliefen, wie die vorstehende
Tabelle zeigt, analog. Der Kies wurde während der Versuchsperiode
einmal gewaschen. Bei der Schlacke wurde zu der abwechselnden
Füllung von oben und unten geschritten, ehe noch die Schwierigkeiten
der Füllung zur Geltung gekommen waren.

Wir halten es für empfehlenswert, jeden Oxydationskörper so einzurichten, dafs man ihn nötigenfalls von
oben und von unten zu füllen vermag.

Der Reinigungseffekt war bei der Füllung von unten nicht
schlechter als bei der Füllung von oben. Es existieren Darlegungen
darüber, wie gerade das Herabsickern der Abwässer von oben her von
grofser Bedeutung für den Reinigungseffekt sei. Alle die damit
zusammenhängenden Erwägungen sind durch die oben mitgeteilten,
hinreichend umfassenden Versuche als irrig gekennzeichnet. Wohl
büfst die Klarheit der Abflüsse bei der Beschickung von unter her
zunächst infolge der mechanischen Fortspülung von Schlammteilchen
etwas ein. Mit der Zeit gleicht sich aber auch dieses aus.

Die nachstehende Tabelle zeigt, dafs die Herabsetzung der Oxydierbarkeit nach Einführung der alternierenden Füllung von oben und
von unten nicht verringert wurde.

Tabelle 59.

Herabsetzung der Oxydierbarkeit in % bei abwechselnder Füllung
von oben und unten.

	Füllung von						
	oben				unten		
	Versuch				Versuch		
Datum	D	E	F	Datum	D	E	F
	Herabs. d. Oxyd. in %				Herabs. d. Oxyd. in %		
1900				1900			
6./3.	75,3	72,9	74,5	20./3.	77,3	73,6	81,2
3./4.	77,3	81,2	80,3	18./4.	76,8	76,8	75,6
1./5.	74,6	71,2	72,0	11./8.	83,5	72,4	73,2
10./7.	73,9	73,2	74,4	30./8.	76,9	83,7	78,3
15./8.	79,1	74,9	77,6	24./11.	72,3	78,2	81,6
1./9.	81,2	87,3	83,0	18./12.	70,4	67,6	75,0

Auch die Herabsetzung des Gehaltes an organischem Stickstoff
und der übrigen etwa für die Beurteilung des Reinigungseffektes in
Frage kommenden Substanzen litt unter der beschriebenen Betriebsänderung nicht.

Man vermag also durch die alternierende Füllung der Oxydationskörper von oben und von unten die Betriebsperioden bedeutend zu
verlängern. Die Verschlammung der Oxydationskörper schreitet aber
auch bei diesem Betriebsmodus naturgemäß stetig fort, und mit
der Zeit werden die quantitativen Leistungen auch der so betriebenen
Körper dadurch so weit beeinträchtigt, daß eine Regenerierung sich
erforderlich erweist.

Ausspülen der Oxydationskörper.

Der unsererseits früher beschriebene Entschlammungsmodus ist,
sobald größere Dimensionen in Betracht kommen, mit relativ hohen
Kosten verknüpft. Wir haben unser Augenmerk deshalb fortgesetzt
darauf gerichtet, die Entschlammung irgendwie zu vereinfachen. Unter
anderem haben wir versucht, durch kräftiges Durchspülen der Körper
den Schlamm abzulösen. Diese Versuche sind völlig ergebnislos
geblieben. Die Entschlammung scheint ohne Hinausheben des Oxydationsmaterials aus seiner ursprünglichen Lage nicht durchführbar
zu sein.

Bei kleineren Oxydationskörpern genügt es, wenn man das Material
mit einer Schaufel oder sonst einem geeigneten Gerät unter Zufluß von
Wasser kräftig durchrührt. Dieser Entschlammungsmodus beansprucht
aber verhältnismäßig viel Spülwasser.

Abspülen des Schlammes.

Im Hinblick auf die grofsen Kosten einer Regenerierung des Oxydationskörpers mittels Abspülen des Schlammes haben wir uns fortgesetzt bemüht, diesen Prozefs möglichst zu vereinfachen. Die Abspülungsmethode, welche uns zur Zeit als die einfachste und billigste erscheint, wird durch das nachstehende Bild veranschaulicht.

Fig. 3.

Das Material des Oxydationskörpers wird in eine Rinne geschaufelt durch welche Abwasser in schwachem Strom hindurchfliefst. Durch den Strom wird das Material gegen ein Sieb geschwemmt. Auf dem Wege durch die Rinne wird infolge der eintretenden Reibung der einzelnen Körner gegeneinander der Schlamm abgelöst, und er fliefst mit dem Spülwasser durch das Sieb, während das gereinigte Material vor dem Sieb herunterfällt. Dieser Reinigungsprozefs läfst an Einfachheit kaum etwas zu wünschen übrig. Bei gröfseren Oxydationskörpern wird man mit der Rinne von einem nach dem anderen Ende des Oxy-dationskörpers fortschreiten und den letzteren im Fortschreiten nach der Spülung sofort wieder aufbauen. Mehrfaches Hin- und Herbewegen des Materials wird dadurch unnötig.

In unserer Klärversuchsanlage gestaltet sich dieser Vorgang wegen der beschränkten Raumverhältnisse umständlicher, als er sich in gröfseren Anlagen erweisen würde. Wie die Abbildung zeigt, mufsten wir das Oxydationsmaterial, um Raum zu gewinnen, sehr hoch auftürmen. Trotz dieses vermehrten Arbeitsaufwandes stellten sich die Kosten der Reinigung pro cbm Schlacke nur auf 1,50 M. Dabei mufs berücksichtigt werden, dafs als Tagelohn 38 Pf. pro Stunde zu Grunde gelegt sind, also ein höherer Lohn, als an vielen Orten in Frage kommen würde.

Das Spülwasser setzte den Schlamm innerhalb $\frac{1}{2}$ Stunde vollständig ab. Dasselbe konnte mithin nach Ablauf dieser Zeit entweder zu der Reinigung wieder herangezogen oder aber in einem anderen Oxydationskörper gereinigt werden. Der zurückbleibende Schlamm lagerte sich in so dichten Massen ab, dafs er schon innerhalb 1 Stunde, auf Sand aufgebracht, stichfest wurde. Über die Zusammensetzung des Schlammes soll weiter unten noch näher berichtet werden. Zur Regenerierung von 1 cbm Schlacke waren 0,8 cbm Abwasser erforderlich.

Die Frage, ob sich durch eine noch intensivere Behandlung noch mehr Schlamm würde von dem Oxydationskörper entfernen lassen, haben wir durch verschiedene Versuche zu beantworten gesucht, deren Ergebnisse sich in folgender Tabelle zusammengestellt finden.

Tabelle 60.

Entschlammung des Materials.

Korngröfse in mm	Tiefe der Oxydationskörper in cm	Undrainierter Schlamm in Litern pro 1 cbm Material		
		Gesamtmenge	Bei der 1. Waschung	Bei der 2. Waschung
		Versuch B.		
	10— 20	472	380	92
	20— 30	476	366	110
3—7	30— 50	384	316	68
	50— 70	326	266	60
	70— 90	316	256	60
10—30	90—100	126	106	20
		Versuch C.		
	10— 20	512	354	158
	20— 30	448	344	104
3—7	30— 50	344	276	68
	50— 70	320	256	64
	70— 90	296	226	70
10—30	90—100	114	96	18

Diese Tabelle zeigt, dafs durch die eben beschriebene einfache Abspülung der weitaus gröfste Teil des Schlammes schon beseitigt wurde, und zwar gilt das sowohl für den Schlamm, der sich nahe der Oberfläche befindet, wie auch für denjenigen in gröfserer Tiefe. Bei Versuch C, also bei intensiverem Betrieb, scheint der Schlamm etwas zäher an dem Oxydationskörper zu haften, als bei mehr schonendem Betriebe (B).

Erhöhung der Aufnahmefähigkeit.

Durch den Waschprozefs wird fast durchweg nicht allein die ursprüngliche Aufnahmefähigkeit wieder hergestellt, sondern diese sogar erhöht.

Die nachstehende Tabelle enthält detaillierte Angaben über unsere einschlägigen Beobachtungen.

Tabelle 61.
Einflufs des Waschens auf die Aufnahmefähigkeit.

Art des Materials	Korn-größe in mm	Liter pro 1 cbm Material		
		Ursprüngl. Aufnahme-fähigkeit	Aufnahmefähigkeit	
			n. d. 1. Waschen	n. d. 2. Waschen
Müllverbrennungs-schlacke	3—7	400	409	393
Ziegel	10—30	435	407	
Steinkohlenschlacke .	10—30	475	475	
Kiesel	10—30	346	355	
Coke	10—30	379	403	470
Kies	3—7	234	265	290

Materialverlust durch das Waschen.

Die Regenerierung der Oxydationskörper hatte bei dem früher von uns beschriebenen Verfahren einen nicht unerheblichen Verlust an Material zur Folge. Bei Anwendung der vorhin beschriebenen Modifikation des Verfahrens betrug der Materialverlust im Durchschnitt für alle Materialien und Versuche 9,4%. Da diese Beobachtungen für die Kostenfrage von erheblicher Bedeutung sind, so mögen einige detaillierte Angaben über die konstatierte Volumenabnahme folgen.

Tabelle 62.
Volumenabnahme.

	Versuch B	C	D	G	N
Schlacke	20 %	11 %	13,6 %	6,5 %	4,8 %
	Versuch F	H	L	M	
Coke	13,1 %	7,7 %	8,7 %	9,5 %	
	Versuch E	J	K	O	
Kies	8,7 %	6,0 %	10,2 %	2,6 %	
	Versuch P				
Ziegel	14,9 %				

Veränderung der Korngröße.

Bei der Reinigung des zur Trinkwasserfiltration benutzten Sandes erfolgt stets ein Ausspülen feinerer Bestandteile, wodurch das durchschnittliche Korn des Filtersandes mit jeder Spülung sich erhöht. Im Hinblick auf diese Thatsache haben wir auch für unsere Oxydationskörper einschlägige Untersuchungen angestellt, und zwar mit folgendem Ergebnis, welches eine Erklärung enthält für die weiter oben konstatierte Zunahme der Kapacität infolge des Waschprozesses.

Tabelle 63.

Korngröße	Steinkohlenschlacke		Coke		Kies	
	vor dem Waschen %	nach dem Waschen %	vor dem Waschen %	nach dem Waschen %	vor dem Waschen %	nach dem Waschen %
unter 2 mm	4,0	0	7,8	5,5	2,5	0
2 — 4 »	13,1	9,9	14,4	11,9	15,5	20,2
4 — 5 »	} 30,3	10,4 } 22,8	23,5	12,7 } 26,6	42,7	19,6 } 39,8
5 — 6 »		12,4		13,9		20,2
6 — 8 »	} 48,2	36,2 } 58,8	40,6	30,2 } 45,0	34,8	27,2 } 35,0
8 — 10 »		22,6		14,8		7,8
über 10 »	4,2	8,5	18,7	11,0	4,5	5,0
Versuch C						
unter 4 mm	15	53,8				
4 — 5 »	21	12,5				
5 — 6 »	} 46,0	15,5 } 25,0				
6 — 8 »		9,5				
8 — 10 »	} 18,0	4,1 } 9,4				
über 10 »		5,3				

Zeitpunkt der Regenerierung.

Bei der Projektierung einer Oxydationskläranlage wird naturgemäſs auf die fortschreitende Verschlammung der Oxydationskörper
Rücksicht zu nehmen sein, in der Weise, daſs man die Anlage so viel
gröſser baut, daſs sie zu jeder Zeit die ganze zu behandelnde Abwassermenge zu bewältigen vermag. Bei früherer Gelegenheit haben wir
es als für die Regel wünschenswert hingestellt, daſs eine Regenerierung
erfolgt, sobald das Porenvolumen auf etwa 25 % gesunken ist. Bei
kleineren Anlagen wird es sich gelegentlich empfehlen, die Verschlammung so weit fortschreiten zu lassen, bis das Porenvolumen nur noch
etwa 20 % beträgt.

Schlammanalysen.

In einer früheren Veröffentlichung (4) haben wir verschiedene
Schlammanalysen mitgeteilt. Inzwischen hatten wir Gelegenheit, ähn-

Tabelle 64.
Zusammensetzung des drainierten Schlammes.

Bezeichnung des Versuches	Nach Füllungen	Korn-gröſse des Materials in mm	Zusammensetzung in %				Farbe	Geruch
			Was-ser	Tro-cken-rück-stand	Glüh-ver-lust	Ge-samt-stick-stoff	des Schlammes	
B		3—7	75,13	24,87	6,28		braunschwarz	erdig
C		3—7	73,80	26,20	6,29		„	„
D	594	3—7	74,6	25,4	5,36		dunkel schwarz-braun	„
E		3—7	52,73	47,27	15,62	0,94	grünlichbraun	modrig
F		3—7				0,91	tief schwarz	„
G		5—10	76,46	23,54	5,83	0,58	graubraun	„
H		5—10	75,2	24,8	9,3	0,77	grauschwarz	„
J		5—10	74,57	25,43	4,88		hellbraun	„
K		5—10	56,83	43,17	3,92	0,53	dunkelbraun	„
L	1660	10—30	84,2	15,8	5,5		schwarz	„
M		10—30	78,6	21,4	8,8	0,48	grauschwarz	„
N		10—30	71,75	28,25	8,03	0,48	„	„
O		10—30					dunkelgrau-schwarz	„
P		10—30	77,68	22,32	6,95	0,6	rötlichbraun	„
Lederfabrik-abwasser:								
Ziegel	93	10—30	75,7	24,3	8,1		rötlichschwarz	stark modrig
Schlacke	93	3—7	69,5	30,5	8,8		tiefschwarz	erdigmodrig
Zuckerfabrik-abwässer:								
Schlacke		10—30	51,0	49,0	9,0		braun	faulig n. Rüben
Schlacke		3—10	53,0	47,0	10,0		„	„ „ „ „
Q		3—7	78,88	21,12	6,0	0,60	braunschwarz	modrig

liche Analysèn des Schlammes auszuführen, der sich bei verschiedenartigen Oxydationskörpern und bei verschiedener Inanspruchnahme
des Oxydationskörpers ergab. Die hierbei erzielten Ergebnisse finden
sich in der vorstehenden Tabelle.

· Diese Resultate bestätigen unsere schon früher veröffentlichten
Mitteilungen und zeigen, daſs das Oxydationsverfahren nicht zu den
Methoden gehört, bei denen man irgendwelche unvorhergesehene
Kalamitäten im Betriebe zu erwarten hat. Der Betriebsvorgang liegt
zur Zeit von Beginn der Beschickung des Oxydationskörpers bis zum
Zeitpunkt der notwendigen Entschlammung und von der ersten Regenerierung bis zur mehrfach wiederholten Regenerierung klar vor Augen.
Die gewonnenen Schlammmassen waren nicht allein bei Verwendung
von Krankenhausabwässern, sondern auch nach Beschickung mit Abwässern von Bierbrauereien, Lederfabriken etc. stets inoffensiver Natur
und ergaben sich in relativ so geringen Mengen, daſs die Unterbringung
dieses Materials kaum je auf Schwierigkeiten stoſsen dürfte.

Kapitel VIII.

Das Faulverfahren.

Dasjenige biologische Verfahren, bei welchem die Schmutzwässer
der stinkenden Fäulnis überlassen werden, ehe man sie der definitiven
Reinigung im Oxydationskörper oder mittels der unterbrochenen Filtration unterzieht, haben wir bislang als Faulkammerverfahren bezeichnet. Unter »Faulkammer« wurde eine abgedichtete Grube verstanden. Nachdem der Fäulnisprozefs nunmehr auch in offenen
Becken eingeleitet wird, empfiehlt es sich, zu unterscheiden zwischen
einem »Faulkammerverfahren« und einem »Faulbeckenverfahren«, beide
Verfahren aber zusammenzufassen unter dem Namen »Faulverfahren«.

Bleiben die Abwässer durchschnittlich etwa 24 Stunden in
dem Faulraum — sei er ganz abgedichtet oder ein offenes Faulbecken — stehen, wo die frisch hinzukommenden Schmutzwässer
einer Mischung mit schon in fauliger Zersetzung begriffenen Massen
unterliegen, so zeigen sie nach Ablauf dieser Zeit Veränderungen,
unter denen die folgenden als praktisch wichtig hervorgehoben werden
mögen: Der Gehalt der Abwässer an schwebenden Schmutzstoffen,
die Oxydierbarkeit, sowie der Gehalt an organischem Stickstoff wird
erheblich herabgesetzt. Dagegen bereichern sich die Abwässer an freier
Kohlensäure, Ammoniak und Schwefelwasserstoff. Wenngleich somit
nach mancher Richtung hin eine Herabsetzung des Schmutzgehaltes
erzielt wird, so haben die Schmutzwässer doch anderseits durch das
Verweilen in dem Faulraum gleichzeitig infolge der letztangeführten
Veränderungen einen sehr offensiven Charakter angenommen. Dieser
tritt bei der Überleitung der Abwässer in die Oxydationskörper in unangenehmer Weise in Erscheinung, sofern man nicht dafür sorgt, dafs
die Einleitung der Abwässer unter der Oberfläche des Oxydationskörpers erfolgt.

In Deutschland hat man bislang fast ausschliefslich das Faulkammer-verfahren zur Anwendung gebracht, also abgedichtete Faulräume, um eine Belästigung der Umgebung durch die sich im Faulraum entwickelnden riechenden Gase zu verhindern. Diese Vorsichtsmafsregel scheint nicht erforderlich zu sein, und es darf erwartet werden, dafs die offenen Faulbecken neben den Faulkammern auch in Deutschland an Bedeutung gewinnen werden. Die weiter unten mitgeteilten, bei Verwendung offener Becken erzielten Versuchsergebnisse können zur Begründung dieser Auffassung dienen.

Die nachstehenden Ausführungen bezwecken in erster Linie einen Vergleich des Faulverfahrens mit dem Oxydationsverfahren.

Bei dem Oxydationsverfahren erweist es sich als empfehlenswert, gröbere Schwimm- und Schwebestoffe aus dem Abwasser auszuscheiden, ehe man dieses auf die Oxydationskörper leitet. Für kleinere Reini-gungsanlagen, wie diejenigen von Krankenhäusern, Sanatorien und ähnlichen Anstalten, eventuell auch für manche industrielle Betriebe, erwachsen gerade durch diese Verrichtung und durch die notwendige baldige Beseitigung der gesammelten festen Stoffe gewisse Schwierig-keiten. Bei dem Faulverfahren kann man alle festen Schwimm- und Schwebestoffe, sowie auch die Sinkstoffe in den Faulraum mit hinein-leiten und darin monatelang oder noch länger sich selbst überlassen. Hierin liegt ein nicht gering zu veranschlagender Vorzug des Faul-verfahrens gegenüber dem Oxydationsverfahren, soweit es sich um sehr kleine Anlagen handelt, bei denen eine ständige Wartung nicht erforderlich ist, vielmehr alle Verrichtungen sich von dem vorhandenen Personal im Nebenamt erledigen lassen. Aber auch nur unter solchen, bezw. ähnlichen Umständen kann die eben erwähnte Arbeitsersparnis eine nennenswerte Bedeutung gewinnen. In städtischen Reinigungs-anlagen, wo ohnehin eine ständige Wartung erforderlich ist, bereitet die Beseitigung von täglich einigen hundert Litern, bezw. in grofs-städtischen Betrieben von täglich wenigen Kubikmetern fester Sub-stanzen im Vergleich zu den übrigen mit der Abwasserbeseitigung zusammenhängenden Aufgaben so wenig Schwierigkeiten, dafs sie nicht ausschlaggebend ins Gewicht fallen können.

Nach zwei Richtungen hat man dem Faulverfahren wohl Vorzüge nachgerühmt im Vergleich zu dem Oxydationsverfahren. Vor einigen Jahren, als diese beiden Verfahren zuerst bekannt wurden, vertraten verschiedene Autoren die Meinung, nur nach einem gründlichen Durchfaulen der Abwässer sei es überhaupt möglich, sie vermittelst eines unterbrochenen Filtrationsbetriebes definitiv zu reinigen. Diese vorbereitende Wirkung ist der eine Punkt, in welchem sich das Faul-verfahren nach der auch heute noch von einigen Seiten vertretenen

Auffassung vor dem Oxydationsverfahren auszeichnen sollte. Zweitens wird, wie eingangs schon erwähnt wurde, neuerdings auf die durch das Faulverfahren erreichbare Erleichterung der Schlammbeseitigungsfrage grofses Gewicht gelegt. Wir erwähnten weiter oben schon, dafs in England Faulbecken existieren und zwar auch solche in gröfstem Mafsstabe, aus welchen man die Sedimente der gesamten täglich eingeleiteten Schmutzwässer seit mehreren Jahren nicht entfernt hat, ohne dafs für den Betrieb oder für die Umgebung irgend welche Störungen oder Belästigungen daraus erwachsen wären. Aus den angestellten Messungen glaubt man entnehmen zu können, dafs die Menge des Schlammes sich infolge der Fäulnisvorgänge inzwischen um etwa die Hälfte vermindert habe.

Es kommt hinzu, dafs die längere Zeit abgelagerten und gefaulten Sedimente ein geringeres Bindungsvermögen für Wasser haben und sich infolgedessen viel leichter in eine feste Form bringen lassen sollen. Man glaubt mithin nicht allein erheblich geringere Mengen Schlamm definitiv beseitigen zu müssen, sondern erwartet auch, dafs dieser Schlamm sich später viel besser wird handhaben und beseitigen lassen.

Auf Grund solcher Beobachtungen ist neuerdings in deutschen Fachzeitschriften das Faulverfahren sehr gerühmt und als weit leistungsfähiger hingestellt worden, als das Oxydationsverfahren. Solche Urteile wurden vorwiegend von Autoren verbreitet, welche über eigene Beobachtungen nicht verfügen. Ihre Behauptungen sind aber trotzdem viel nachgesprochen worden zum Teil auch von Stellen aus, wo man eine gründlichere Informierung hätte voraussetzen dürfen. Diese Thatsache und anderseits die Befürchtung, dafs die in verschiedenen Städten Englands für das Faulverfahren gemachte Reklame zu unberechtigten Hoffnungen und zu Nachahmungen in Deutschland Anlafs geben könnte, haben in uns den Wunsch erweckt, vergleichende Versuche zwischen dem Faulverfahren und dem Oxydationsverfahren vorzunehmen. Dazu bot sich uns in der beschriebenen Klärversuchsanlage ein Becken von annähernd 100 cbm Fassungsraum, das als Faulbecken hergerichtet werden konnte.

Die Einrichtung der Hamburger Klärversuchsanlage gestattet, wie schon an anderer Stelle dargelegt wurde, eine völlig genaue Überwachung der Versuche nach jeder Richtung. Aufserdem waren wir in der Lage, den Vergleich mit dem Oxydationsverfahren in völlig einwandsfreier Weise, d. h. unter gleichen äufseren Verhältnissen, durchzuführen. Das sind zwei unbedingt notwendige Voraussetzungen, die aber bislang, soweit wir orientiert sind, beim Vergleich der in Frage stehenden Verfahren noch nirgends erfüllt wurden.

Im Oktober 1900 wurde das erste Becken unserer Klärversuchsanlage in folgender Weise als Faulbecken hergerichtet: Die Grube wurde bis zum oberen Rande gefüllt und faßte dann 95 cbm Abwasser. Das Abflußrohr der Faulkammer wurde von letzterer abgetrennt durch einen Kasten, der nach der Faulkammer zu offen und mit einer Holzschiene ausgestattet ist. An dem unteren Ende dieser Schiene ist ein Brett befestigt worden, welches das Fortspülen der Sedimente aus dem Faulbecken verhindert. Über diesem Brett läuft ein Schwimmbrett frei beweglich in den Schienen, welches so konstruiert ist, daß es etwa 50 cm unter dem Wasserspiegel eintaucht. Infolge dieser, dem schon beschriebenen Tauchbrett im Sandfange nachgebildeten Vorkehrung kann der größere Teil der Faulkammer entleert werden, ohne daß die Gefahr einer Durchspülung der noch zu beschreibenden Schwimmdecke in den Oxydationskörpern entsteht.

Hinter dem Faulbecken befindet sich der Oxydationskörper, der aus Schlacke von 3—7 mm Korngröße hergestellt ist und eine Höhe von 1,5 m bei einer Oberfläche von 64 qm hat. Das ursprüngliche Porenvolumen der Schlacke betrug 40%. Dieser Oxydationskörper vermochte deshalb bei Beginn des Versuches annähernd 40 cbm Abwasser aufzunehmen. Er faßte also 40% des Faulbeckeninhaltes. Die Aufnahmefähigkeit des Oxydationskörpers verminderte sich dann, wie die weiter unten folgende Tabelle zeigt, bald so weit, daß noch etwa $1/3$ des Inhalts der Faulkammer durch ihn aufgenommen werden konnte.

Wir wollen zunächst bei der Frage über die Vorgänge in dem Faulbecken selbst stehen bleiben.

Der vorhandene Oxydationskörper wurde täglich zweimal von der Faulkammer aus mit Abwässern gefüllt; für jede Füllung wurde, wie bereits gesagt, anfänglich 40% vom Inhalt des Faulbeckens, später etwa $1/3$ desselben abgelassen. Die hierbei jedesmal verbrauchte Menge wurde sofort wieder ergänzt. Auf diese Weise haben wir bis zum 21. März 1901 innerhalb eines 5monatlichen Betriebes etwa 8000 cbm Abwasser eingeleitet. Diese Abwässer enthielten täglich 300 bis 700 l feste Sedimente, d. h. also während der angeführten, etwa 150 tägigen Periode im ganzen als Mittelwert reichlich 70 cbm feste Stoffe. Diese verhältnismäßig große Menge an Sedimenten erklärt sich daraus, daß wir außer den Sedimenten, die von den vorerwähnten 8000 cbm stammten, auch noch die übrigen im Sandfang zurückgehaltenen Sedimente in das Faulbecken hinüberspülten.

Wir fanden aber bei einer am 21. März 1901 zwecks Feststellung der vorhandenen Schlammmenge vorgenommenen Entleerung, daß sich, abgesehen von einer gleich zu beschreibenden, etwa 10 cm starken Schwimmdecke fast gar kein Schlamm in dem Becken nachweisen ließ. Nahe der Einlaufstelle beobachteten wir inkl. der Schwimmdecke eine Schicht von 15 cm und weiter nach der Auslaufstelle zu eine

Schlammschicht von etwa 12 cm Höhe. Die Sedimente hatten also nur eine Höhe von etwa 2—5 cm erreicht. Hiernach müssen wir annehmen, daß etwa $^9/_{10}$ der in das Becken eingeleiteten Sedimente in dem angeführten Zeitraum verflüssigt, bezw. vergast sind.

In dem Faulraum setzen sich die ungelösten Bestandteile zunächst zum großen Teil zu Boden. Mit der Zeit werden die abgelagerten Sedimente infolge der mit Gasbildung einhergehenden Fäulnis so aufgelockert und in ihrem specifischen Gewicht verändert, daß sie allmählich anfangen, an die Oberfläche zu steigen. Im Laufe einiger Wochen bildete sich bei unserem Versuch an der Oberfläche des Faulbeckens eine zusammenhängende Schicht, in welcher eine lebhafte Entwicklung von Schimmelpilzen eintrat. Dabei nahm die Schwimmdecke eine so zähe Konsistenz an, daß sie auch beim Füllen und Entleeren des Faulbeckens mit auf und ab stieg, ohne zu zerreißen. Die in dem Faulbecken gebildeten Gase sammelten sich unter dieser Schicht an und bildeten bis zu kopfgroße, beulenartige Erhebungen. Die Schwimmdecke war so zähe, daß sie auch unter dem Drucke dieser Gasansammlungen nicht zerriß. Stach man in eine derartige Beule hinein, so wurde das Gas allmählich herausgepreßt, und wenn man es anzündete, so brannte es minutenlang in langer, bläulicher Flamme.

Im Laufe der Wochen und Monate wurde die Schwimmdecke immer dicker und erreichte, wie schon erwähnt, im Laufe von etwa 5 Monaten eine Stärke von etwa 10 cm. Im 7. Versuchsmonat aber verlor sie die beschriebene Elasticität. Die Schwimmdecke verfärbte sich schwarz, wurde bröckelig und zeigte eine fortschreitende Abnahme in der Stärke. Wir haben es hier mit jahreszeitlichen Einflüssen auf die Vegetation zu thun, welche die Schwimmdecke durchsetzt, sich gelegentlich üppig entwickelt, um dann in bestimmten Perioden abzusterben. Im Laufe der Jahre scheinen sich dabei als Endprodukte der Zersetzung Massen zu bilden, die in ihrer äußeren Beschaffenheit an moorige Erde erinnern. Wenigstens hatten wir in englischen Anlagen Gelegenheit, mehrjährige Schwimmdecken zu sehen, die eine Dicke von reichlich 40 cm erreicht hatten und in ihrer äußeren Beschaffenheit Moorerde sehr ähnlich waren. In unseren Versuchen hat auch nach dem beschriebenen Zerfall der Schwimmdecke diese doch immer noch genügt, die Verbreitung unangenehmer Gerüche von dem Faulbecken aus zu verhüten.

Aus diesen Beobachtungen scheint hervorzugehen, daß man die gelegentlich recht kostspielige Überwölbung des Faulraumes umgehen kann, ohne daß notwendigerweise Mißstände für die Umgebung daraus zu befürchten wären. Wir verfehlen aber nicht, darauf hinzuweisen, daß für größere, frei liegende derartige Becken die Gefahr eines Zerreißens und Wegschwemmens der Schwimmdecke durch heftige Winde

entstehen könnte. Die Gröfse der Gefahr wird abhängig sein von der
Natur der Abwässer und von dem Klima. Bei den von uns besich-
tigten englischen Anlagen, die dem Winde völlig frei ausgesetzt waren,
soll ein Zerreifsen der Schwimmdecke nicht beobachtet worden sein.
In den Schlammteichen von Zuckerfabriken dagegen, in welchen sich
bekanntlich auch eine Schwimmdecke von beträchtlicher Stärke zu
bilden pflegt, wird diese in der Regel durch den Wind zerrissen und
umhergeschwemmt. Immerhin wäre in finanzieller Beziehung schon
ein grofser Gewinn darin zu erblicken, wenn die Faulräume nur vor
der Einwirkung des Windes zu schützen, nicht aber mit Einrichtungen
zu versehen wären, welche ein Verhüten des Entweichens unangenehmer Gerüche gewährleisten.

Nach den Ergebnissen unserer oben beschriebenen Schlamm-
messungen darf man mit Sicherheit auf ein allmähliches Vergasen
bezw. Verflüssigen des weitaus gröfsten Teiles der in die Faulkammer
geleiteten Sedimente rechnen. In unserem Versuche wäre eine Zersetzung von etwa $9/10$ der in den Faulraum geleiteten Sedimente konstatiert worden, wenn man allein das Volumen in Rücksicht zöge.
Jedoch ist zu berücksichtigen, dafs die Schwimmdecke eine viel kom-
paktere Konsistenz aufwies als die frischen Sedimente. Wie gesagt,
zersetzt sich aber im Laufe der Zeit auch die Schwimmdecke, und die
darin früher enthaltenen Stoffe sind ebenfalls aus dem Becken verschwunden, ohne dafs sie in Form fester Stoffe mit fortgespült worden
wären. Letzteres geht aus den weiter unten mitgeteilten Analysen der
Abflüsse aus dem Faulbecken hervor. Sand ist bei unserem Versuch
in das Faulbecken in nennenswerter Menge nicht mit eingeleitet worden.

Die Abnahme der Menge des Schlammes in dem Faulraum ist
nach dem Gesagten eine ganz überraschende, und es scheint uns aufser
Zweifel zu stehen, dafs man derartige Faulbecken, sofern normale
städtische Abwässer in Frage kommen, jahrelang mit Abwässern und
deren ganzem Gehalt an Sedimenten wird beschicken können, ohne
dafs eine übermäfsige Anhäufung von Schlamm in dem Faulraume
zu befürchten wäre, vorausgesetzt, dafs nicht unverhältnismäfsig viel
Sand mit in den letzteren hinübergespült wird.

Bei dem Oxydationsverfahren ist, wie wir bei Besprechung unserer
Versuche oben schon darlegten, aufser dem Oxydationskörper nur ein
Sandfang erforderlich, dessen Dimensionen im Vergleich zu denen
eines Faulraumes äufserst gering sind. In diesem Sandfange läfst sich
innerhalb weniger Minuten ein erheblicher Teil der Schwebestoffe ab-
scheiden aufser den Schwimmstoffen und Sinkstoffen, die in ihm annähernd vollständig zurückgehalten werden.

Bei dem Faulverfahren dagegen ist aufser den Oxydationskörpern
ein Faulraum erforderlich von etwa demselben Umfange wie dem-

jenigen der Oxydationskörper selbst. Das gilt für Verhältnisse, wo man die Abwässer etwa 24 Stunden in dem Faulraum belassen will. Naturgemäfs sind auch alle Übergänge vom kleinsten Sandfange bis zu solch' grofsen Faulräumen denkbar. Die oben angeführte Gröfse entspricht aber derjenigen, wie sie auf Grund der in England und in Deutschland ausgeführten Versuche zur Zeit vorgesehen wird. Es haben uns sogar mehrfach Projekte vorgelegen, wonach der Faulraum noch 2—3 mal so grofs geplant war. Solche Anlagen rechtfertigen sich aber nicht, wenn der einzige dadurch angestrebte Vorteil in der Vermeidung einer täglichen Beseitigung der Schwimm- und Schwebestoffe beruht. Diese letzteren betragen für eine Stadt von 100000 Einwohnern täglich etwa 1—2 cbm. Um solch' geringe Mengen von Stoffen zu beseitigen, wird man nicht einen Faulraum von 10000—30000 cbm Fassungsvermögen bauen. Weit billiger wäre es, diese Stoffe zu verbrennen, sofern man sie nicht anderweitig loswerden könnte. Wenn also das Faulverfahren leistungsfähiger sein soll als das Oxydationsverfahren, so müssen ihm, abgesehen von der eben besprochenen Schlammfrage, noch irgendwelche andere Vorzüge innewohnen. Es müfste entweder eine gröfsere quantitative Leistungsfähigkeit der zur definitiven Reinigung dienenden Oxydationskörper gewährleistet werden, oder aber der Vorzug müfste in qualitativer Beziehung hervortreten, es müfste sich ein gröfserer Reinigungseffekt mit dem Faulverfahren erzielen lassen als mit dem Oxydationsverfahren.

Was zunächst die quantitative Leistungsfähigkeit anbetrifft, so müfste, weil ja auf jeden Kubikmeter Oxydationskörper etwa 1 cbm Faulraum entfällt, bei dem Faulverfahren sich pro Kubikmeter Oxydationskörper eine doppelt so grofse Abwassermenge reinigen lassen als bei dem Oxydationsverfahren. Unsere nach dieser Richtung angestellten Versuche ergaben, dafs man bei zweimaliger Beschickung des Oxydationskörpers mit vorgefaultem Wasser ein ziemlich gut gereinigtes Produkt erzielen kann. Sobald wir aber den Oxydationskörper 3 mal täglich mit vorgefaultem Abwasser beschickten, flossen die Abwässer aus letzterem in einem schwarzverfärbten Zustande ab. Bei mehrfach wiederholten derartigen Versuchen erhielten wir stets dasselbe Resultat. Die Abflüsse zeigten auch jedesmal einen Geruch nach Schwefelwasserstoff, sobald der Oxydationskörper täglich 3 mal gefüllt wurde. Beim Stehen in geschlossenen Flaschen wurden sie tintenschwarz.

Bei Verwendung derselben Schlacke und derselben Abwässer haben wir nach dem Oxydationsverfahren die Körper täglich bis zu 6 mal füllen können, ohne eine derartige Verschlechterung des Reinigungseffektes zu beobachten.

Wir sahen uns also bei dem Faulverfahren an eine täglich zweimalige Füllung der Oxydationskörper als Maximum gebunden.

Bei dem Oxydationsverfahren konnten wir, wie der früher beschriebene Versuch C zeigt, den Oxydationskörper 13 Monate hindurch 2 mal täglich mit Abwasser beschicken, ohne daſs die Resultate sich in qualitativer Beziehung verschlechterten. Das würde, wenn man die Raumausnutzung der Reinigungsanlage zu Grunde legt, einer täglich 4 maligen Beschickung bei dem Faulverfahren entsprechen. Da wir aber bei diesem letzteren über eine täglich 2 malige Beschickung des Oxydationskörpers nicht hinausgehen konnten, so leistet das Faulverfahren in quantitativer Beziehung nur halb so viel wie das Oxydationsverfahren.

Es entsteht nun die Frage, ob die Verschlammung der Oxydationskörper bei dem Faulverfahren etwa langsamer fortschreite als bei dem Oxydationsverfahren. Die Tabelle Nr. 65 gibt darüber Aufschluſs.

Tabelle 65.

Vergleichende Übersicht über die Aufnahmefähigkeit der Schlacke, Korngröſse 3—7 mm, beim Oxydationsverfahren und beim Faulverfahren.

Anzahl der Füllungen	Täglich einmalige Beschickung mit frischem Abwasser		Täglich zweimalige Beschickung mit			
			frischem Abwasser		gefaultem Abwasser	
	Aufnahmefähigkeit in Lit. pro cbm	Abnahme d. Porenvolumens in %	Aufnahmefähigkeit in Lit. pro cbm	Abnahme d. Porenvolumens in %	Aufnahmefähigkeit in Lit. pro cbm	Abnahme d. Porenvolumens in %
Urspr. Porenvolumen	330		409		404	
1— 50	319		389	4,9	385	4,7
51—100	292		358	12,5	342	15,4
101—150	292		325	20,5	309	23,5
151—200	303	8,2	303	25,9	304	24,8
201—250	301		285	30,3	299	26,0
251—300	274	17,0	268	34,5	265	34,4
301—350	272		239	41,6	245	39,4
351—400	285	13,6	235	42,5	245	39,4

In der Tabelle ist der beim Oxydationsverfahren bei täglich zweimaliger Füllung beobachtete Verschlammungsprozeſs demjenigen gegenüber gestellt, den wir beim Faulverfahren und ebenfalls täglich zweimaliger Füllung konstatierten. In der 2. und 3. Rubrik haben wir auſserdem die einschlägigen Ergebnisse des Versuches B zum Vergleich herangezogen. Dieser letztere ist insofern noch eher vergleichbar mit dem Faulversuche, als, auf den beanspruchten Raum berechnet, die quantitative Leistung bei ihm derjenigen des Faulverfahrens gleich-

kommt. Die Tabelle zeigt, daß nach 400 Beschickungen der Oxydationskörper beim Versuch C die Aufnahmefähigkeit um $42^{1}/_{2}\%$ abgenommen hatte, bei dem Faulverfahren um $39,4\%$. Die Differenz
ist verschwindend klein. Die Verschlammung schritt also in gleichem
Maße fort, einerlei ob die Oxydationskörper mit vorgefaultem oder
mit frischem Abwasser beschickt wurden. Die Thatsache, daß das vor-
gefaulte Wasser weit geringere Mengen an Schmutzstoffen enthält, tritt
also in dem Ergebnis gar nicht in Erscheinung.

Ziehen wir nunmehr den Versuch B in Vergleich, bei welchem
die quantitative Inanspruchnahme der Anlage, bezogen auf den Rauminhalt derselben, übereinstimmt mit derjenigen im Faulversuch, so
finden wir, daß hier die Aufnahmefähigkeit des Oxydationskörpers
nach 400 Beschickungen nur um $13,6\%$ zurückgegangen ist, gegen
$39,4\%$ beim Faulverfahren.

Wenn also nach dem Gesagten das Faulverfahren in seiner quantitativen Leistungsfähigkeit nach dem derzeitigen Stande unserer Versuche weit zurücksteht hinter dem Oxydationsverfahren, so bleibt
doch noch die Frage unentschieden, ob es nicht einen höheren
Reinigungseffekt gewährleiste. Ehe wir auf diesen Vergleich eingehen,
mag dargelegt werden, wie wir die Einwirkung des Faulraumes auf
die Zersetzung der Abwässer zu berechnen suchten.

Gelegentlich der Beschickung des Oxydationskörpers wurden
Proben von den Abflüssen aus der Faulkammer genommen. Bei der
dann folgenden Wiederauffüllung des Faulbeckens wurden Durch-
schnittsproben der frischen Abwässer entnommen. Schließlich wurden
bei der nächsten Beschickung des Oxydationskörpers wieder Durch-
schnittsproben des Inhaltes aus dem Faulbecken entnommen. Das
Ergebnis dieser drei Analysen wurde verrechnet.

Dieser Vorgang möge an einem Beispiele näher erläutert werden:
Der Inhalt des Faulbeckens hatte am 22. November 1900 100 mg suspendierte Stoffe im Liter; das letzte dem Faulbecken zugeführte frische
Abwasser enthielt pro Liter 402,5 mg suspendierte Stoffe. Zur Füllung
des Oxydationskörpers war um die genannte Zeit etwa $^{1}/_{3}$ des Inhaltes
des Faulbeckens erforderlich. Das frische Abwasser mischte sich deshalb mit der 2 fachen Menge gefaulten Abwassers. Mithin ergibt sich
rechnungsmäßig ein Gehalt an suspendierten Stoffen für den ergänzten
Inhalt des Faulbeckens von 200,8 mg pro Liter. Bei der nächsten
Entleerung des Faulbeckens fanden sich aber nur 92,5 mg suspendierte
Stoffe, mithin waren $53,9\%$ derselben in dem Faulbecken abgeschieden.
In derselben Weise wurden die übrigen Analysen berechnet, deren Ergebnisse sich in der nachfolgenden Tabelle finden. Aus diesen mag
hervorgehoben werden, daß die Oxydierbarkeit bis um reichlich 30%
abnahm.

Tabelle 66.

Einwirkung des Faulens auf die im Abwasser enthaltenen Stoffe.

In 1 l Abwasser sind enthalten mg.

Datum	Nr. d. Periode	Art des Abwassers	Mengen in cbm	Dauer der Sediment. i. h	Suspend. Stoffe Gesamt	Abnahme in %	Glühverlust	Abdampfrückstand Gesamt	Glühverlust	Abnahme in %	Gesamtstickstoff	NH_3	zun. in %	Org. Stickstoff	Abnahme in %	CO_2 frei	H_2S	Oxydierbark. Kaliumpermanganatverbr. pro Liter mg	Abnahme in %
1900 22/11	55	Rohw. faul	63,4	7½	100,0		89,0	1005,0	247,5		48,4	40,0		15,5		51,4	4,3	259,0	
		» frisch	31,7		402,5		334	1029,0	220,0		33,8	17,6		18,8		0	0	280,0	
23/11	56	» berechn.			200,8		170,6	1001,3	238,3		43,4	32,5		16,8		34,2	2,9	266,0	
		» faul		14½	92,5	58,9	86,0	952,5	164,0	35,4	44,2	36,3	11,7	14,3	14,9	57,2	5,6	206,0	22,5
1901 17/1	152	Rohw. faul	63,4	7½	110,0		92,0	915,0	202,0		50,7	38,4		19,1		84,3	69,4	314,0	
		» frisch	31,7		433,0		329,0	1007,0	216,0		30,8	14,0		19,3		8,1	0	579,0	
18/1	153	» berechn.			217,7		171,0	945,7	206,8		44,0	30,3		19,2		58,9	50,3	402,0	
		» faul		14½	130,0	40,3	93,0	967,0	217,0		43,7	37,0	22,1	13,2	31,3	127,6	76,8	258,0	35,8
1/4	276	Rohw. faul	63,4	7½	107,0		81,5	781,5	235,0		50,0	25,0		26,6				313,9	
		» frisch	31,7		203,5		163,0	1208,8	611,0					30,1				730,6	
2/4	277	» berechn.			189,2		108,6	922,1	327,0		41,7	27,8						452,8	
		» faul		14½	89,0	36,1	80,0	829,0	236,0	28,1	46,4		11,3	24,0	13,7			301,9	33,3
16/4	304	Rohw. faul	63,4	7½	165,5		137,0	604,0	163,0		40,0			28,7				252,0	
		» frisch	31,7		198,0		126,5	667,0	197,5		17,8			18,35				258,0	
17/4	305	» berechn.			169,6		133,5	691,7	174,6		32,6			23,6				254,0	
		» faul		14½	92,5	45,5	85,0	845,0	225		36,0		10,4	22,3	5,5			234,0	7,9
1/5	328	Rohw. faul	63,4	7½	240,0		172,0	676,5	185,5		38,6	24,3		24,8				220,5	
		» frisch	31,7		311,0		277,0	491,0	118,0		18,0	18,4		18,4				357,6	
2/5	329	» berechn.			264,0		207	615,0	163,0		30,0	22,3		22,3				266,2	
		» faul		14½	214,0	18,9	171	688,0	181,0	34,1	34,1	13,7	13,7	18,4	17,5			190,7	28,4

Eine Berechnung auf der oben angeführten Grundlage kann nicht zu ganz genauen Resultaten führen, sondern nur Annäherungswerte ergeben. Die Beurteilung des Endeffektes, den wir beim Faulverfahren im Vergleich zu dem Oxydationsverfahren erzielten, läſst sich dagegen genauer feststellen. Da der Schmutzgehalt des behandelten Rohwassers bei Versuch C übereinstimmte mit demjenigen im Faulversuch, so ist ein direkter Vergleich der in beiden Versuchen erzielten definitiven Reinigungsprodukte statthaft.

Noch mehr eignen sich die bei Versuch B erzielten Resultate, weil dieser Versuch, wie erwähnt, in quantitativer Beziehung mehr mit dem Faulversuch übereinstimmt als der Versuch C.

Die einschlägigen Ergebnisse finden sich in der nachfolgenden Tabelle.

Tabelle 67.

Schlacke 3—7 mm Korngröfse; 2 mal täglich beschickt.

| Betriebs-monat | mit gefaultem Abwasser | | | | | | | m. frischem Abwasser (Versuch C) |
| | Durchsichtig-keit in cm | | Geruch | | Herabsetzung in % | | | Oxydier-barkeit |
	R_1	Sch_2	R	Sch	Oxy.-dierbar-keit	Organ. Stick-stoff	NH_3	
1	2,1	7,0	faulig	modrig	68,2	55,3	52,6	73,1
2	2,4	5,7	faulig H_2S	»	62,1	58,1	59,2	77,1
3	2,4	5,0	» »	kohlartig	56,9			78,4
4	2,0	4,6	H_2S	»	63,8	63,9	61,9	77,9
5	1,2	3,2	»	»	67,2	64	49,9	72,8

1 : R = Rohwasser faul; 2 : Sch = Schlackeabfluſs.

Aus den hier mitgeteilten Zahlen geht hervor, daſs bei dem Oxydationsverfahren in Versuch C bessere Resultate erzielt wurden als bei dem Faulversuch, obgleich, wie schon oben erwähnt, die Anlage bei letzterem quantitativ doppelt so stark angestrengt wurde als bei dem Faulverfahren. Legen wir dem Vergleich die Oxydierbarkeit zu Grunde, so zeigte sich beim Faulverfahren zwar anfangs eine Abnahme von 68,2%, die annähernd mit dem beim Oxydationsverfahren beobachteten Effekt übereinstimmt. Später aber gestalten sich die Resultate beim Faulverfahren ungünstiger als beim Oxydationsverfahren.

Auch die Herabsetzung des Gehaltes an organischem Stickstoff und Ammoniak stand beim Faulverfahren zurück hinter derjenigen bei Versuch C.

Nach diesen Befunden ist von dem Faulverfahen weder eine höhere quantitative Leistung, noch auch eine mehr durchgreifende qualitative Wirkung als beim Oxydationsverfahren zu erzielen. Im Gegenteil stehen die Leistungen des Faulverfahrens nach dem derzeitigen Stande unserer Versuche nach jeder Richtung zurück hinter denjenigen des Oxydationsverfahrens.

Es mag noch erwähnt sein, dafs die Abflüfse der Oxydationskörper beim Faulverfahren einer Schönung durch Sandfilter gröfsere Schwierigkeiten entgegenstellten, als die beim Oxydationsverfahren erzielten Abflüsse.

Kapitel IX.

Reinigung industrieller Abwässer durch das Oxydationsverfahren.

Zuckerfabrik-Abwässer.

Der Direktor der Zuckerfabrik Wendessen, Herr Dr. Pfeiffer, ersuchte uns auf Anregung der vom Herzoglichen Ministerium eingesetzten zuständigen Kommission der Frage, ob die Abwässer von Rübenzuckerfabriken einer durchgreifenden Reinigung durch das Oxydationsverfahren zugänglich seien, auf experimentellem Wege näher zu treten.

Wir haben infolgedessen während der ganzen Dauer der Campagne 1900 einschlägige Versuche durchgeführt, welche uns durch die überaus entgegenkommende und verständnisvolle Mitarbeit des Herrn Dr. Pfeiffer sehr erleichtert wurden. Im Hinblick auf die große praktische Tragweite, welche die Ergebnisse dieser Versuche gewinnen dürften, mögen sie auch an dieser Stelle Erwähnung finden.

Mit Ausnahme der Kondenswässer gelangen die Gesamtabwässer der erwähnten Zuckerfabrik — d. h. die Abwässer der Rübenschwemme, Rübenwäsche, der Diffuseure und der Schnitzelpresse — durch einen gemeinschaftlichen Kanal in einen Schlammteich. Die Zeitdauer des Aufenthalts der Abwässer in diesem Schlammteich wechselt und nimmt mit fortschreitender Campagne erheblich ab infolge der Anfüllung des Teiches mit Schlamm. Gegen Ende der Campagne liefen die Abwässer gewissermaßen nur in einem Rinnsal durch den völlig verschlammten Teich hindurch.

Die Abwässer fließen über ein vorhandenes Rieselterrain; der größte Teil der Abwässer aber wird aus dem Schlammteich in eine Rinne gehoben und nach der Rübenschwemme zurückgeführt. Von

9*

dieser eben erwähnten Rinne aus wurden die zu beschreibenden Oxydationskörper beschickt. Es kamen also Abwässer zur Verwendung, die in den Klärteich geleitet waren und durch kürzeren oder längeren Aufenthalt in demselben eine mehr oder weniger gründliche Sedimentierung erfahren hatten; darauf wurden sie mittels Mammutpumpe gehoben; sonst waren sie für die Reinigung nicht weiter vorbehandelt. Als Oxydationskörper wurden benutzt:

2 Becken mit einem Fassungsraum von annähernd 20 cbm. Eins dieser Becken war mit Schlacke aus Kesselfeuerungen, das andere mit Coke gefüllt. Dieser Teil der Anlage wurde als primärer Schlacken- bezw. Cokekörper benutzt. Die Abflüsse aus diesen Körpern gelangten in eiserne Behälter von etwa 2 cbm Fassungsraum, die mit Schlacke bezw. Coke, von 3—10 mm Korngröfse gefüllt waren, und als sekundäre Schlacken- bezw. Cokekörper bezeichnet wurden.

Aufser mit diesen Oxydationskörpern wurden Versuche auch nach anderweitiger Anordnung durchgeführt. An dieser Stelle beschränken wir uns auf eine Mitteilung der mit den Schlackenkörpern erzielten Ergebnisse.

Die Schlackenkörper wurden täglich 2 mal mit Abwasser beschickt. Im primären Schlackenkörper blieben die Abwässer 2 Stunden stehen, gelegentlich zu Vergleichszwecken bis zu 4 Stunden; in dem sekundären Körper 3 Stunden, gelegentlich zu Vergleichszwecken 5 Stunden.

Bekanntlich gehören die Abwässer der Rübenzuckerfabriken zu den am schwierigsten zu reinigenden industriellen Abwässern, wegen ihres hohen Gehaltes an fäulnisfähigen Stoffen, insbesondere auch an specifischen Riechstoffen, die sich bei eintretender Zersetzung in unangenehmster Weise bemerkbar machen und in den öffentlichen Gewässern selbst bei relativ sehr starker Verdünnung den Geruch und Geschmack des Wassers in nachteiliger Weise beeinflussen. Anderseits bieten diese Abwässer infolge ihrer verhältnismäfsig grofsen Quantitäten einer durchgreifenden Reinigung aufserordentliche Schwierigkeiten. Durch Rieselbetrieb vermag man, sofern geeignete Ländereien zur Verfügung stehen, Zuckerfabrik-Abwässer in durchaus zufriedenstellender Weise zu reinigen; wo aber geeignete Rieselländereien fehlen, da sind die bisherigen Versuche zur Reinigung der fraglichen Abwässer unbefriedigend verlaufen. Von den aufserordentlich zahlreichen, vorgeschlagenen, künstlichen Reinigungsverfahren kann nur das Proskowetzsche als ein solches Verfahren in Frage kommen, das an gewissen Orten zufriedenstellende Ergebnisse gezeigt hat. Auch bei diesem Verfahren ist ein, wenn auch beschränkter Rieselbetrieb vorgesehen.

Da nun viele Rübenzuckerfabriken infolge ungünstiger lokaler Verhältnisse nicht in der Lage sind, einen ausreichenden Rieselbetrieb durchzuführen, so liegt ein dringendes Bedürfnis vor nach einem Verfahren, welches überall anwendbar wäre. Auch ein Verfahren, welches nur dazu dienen könnte, die Abwässer der Rübenzuckerfabriken ihrer Fäulnisfähigkeit zu entkleiden, bezw. diese Abwässer von ihren specifischen Riechstoffen zu befreien, würde einem lang empfundenen Bedürfnis begegnen. Ein solches Verfahren würde z. B. dort willkommen sein, wo Rieselfelder zwar vorhanden sind, jedoch eine unzureichende Wirkung entfalten. Für Wendessen lag der letztangeführte Fall vor.

Bei den zu beschreibenden Versuchen haben wir unsere Aufgabe nicht darin erblickt, einen den im vorliegenden Falle behördlicherseits zu stellenden Anforderungen völlig genügenden Reinheitsgrad zu erzielen, was an und für sich nicht unerreichbar erscheint, sondern wir haben eine Veränderung der Abwässer bis zu dem Grade angestrebt, daß sie unter Mitbenutzung der vorhandenen Rieselfelder in ein völlig zufriedenstellendes Produkt verwandelt werden könnten. Dieses Ziel glaubten wir als erreicht ansehen zu dürfen, wenn sich durch das Oxydationsverfahren ein Produkt erzielen ließe, das beim Stehen an der Luft der stinkenden Fäulnis nicht mehr anheimfiele und das insbesondere den specifischen Rübengeruch nicht mehr besäße.

Die behandelten Abwässer wiesen im großen und ganzen mit fortschreitender Campagne einen höheren Gehalt an fäulnisfähigen Stoffen auf als bei Beginn der Campagne. Es hing dieses damit zusammen, daß die Wirkung des Schlammteiches aus den oben angeführten Gründen mit der Zeit abnahm. Auch nahmen die Fäulnisprozesse in den Sedimenten im Schlammteich mit fortschreitender Campagne an Intensität zu, wodurch vorher ungelöste Bestandteile in gelöste Form übergeführt wurden. Schließlich genügte der verschlammte Teich später nicht mehr, um eine gleichmäßige Mischung der verschiedenartigen Abwässer herbeizuführen. Diese Vorgänge kommen unter anderem dadurch zum Ausdruck, daß die Oxydierbarkeit der zu behandelnden Abwässer, welche bei Beginn der Campagne etwa reichlich 300 mg Kaliumpermanganatverbrauch pro Liter entsprach, später auf 600—800, gelegentlich sogar auf 2500 mg Kaliumpermanganatverbrauch im Liter stieg.

In der betr. Campagne lagen die Verhältnisse insofern besonders ungünstig, als die Rüben infolge der großen Nässe in außergewöhnlichem Maße mit Erde verunreinigt waren.

Durch Behandlung der Abwässer in den beschriebenen primären und sekundären Schlackenkörpern wurde der Gehalt an Schwebestoffen, berechnet auf Trockensubstanz, um 84,7—98,1% herabgesetzt.

Von mancher Seite wird der Abnahme des Glühverlustes in den gelösten Substanzen bei Beurteilung der Reinigung von Rübenzuckerfabrik-Abwässern große Bedeutung beigemessen.

Die Abflüsse des sekundären Schlackenkörpers zeigten eine Abnahme des Glühverlustes, verglichen mit dem unbehandelten Abwasser, um reichlich 50 bis annähernd 80%. Der Gesamtglühverlust der Schwebestoffe und gelösten Stoffe zeigte eine Abnahme um 60—85%. An einem Versuchstage wurde der Glühverlust der gelösten Substanzen von 618 auf 296, an einem andern Tage von 970 auf 410, an einem dritten Tage von 201,4 auf 44,2 mg im Liter herabgesetzt.

Der Gehalt der Rübenzuckerfabrik-Abwässer an organischem Stickstoff war im Vergleich zu der hohen Oxydierbarkeit, und wenn man die aufserordentliche Neigung dieser Abwässer, der stinkenden Fäulnis anheimzufallen, in Betracht zieht, ein nicht sehr hoher. Er schwankte zwischen 17 und 30 mg im Liter und stieg nur einmal auf 35,4 mg. Der Gehalt dieser Abwässer an Gesamtstickstoff stimmt annähernd überein mit ihrem Gehalt an organischem Stickstoff. Salpetrige Säure und Salpetersäure fehlt, Ammoniak ist nur in relativ geringen Mengen vorhanden.

Die Abnahme des organischen Stickstoffs erreichte durch die Behandlung in den Schlackenkörpern in der Regel 40—60%. Da, wie schon oben erwähnt wurde, die intensive Fäulnisfähigkeit der fraglichen Abwässer nur zum geringsten Teil auf ihren Gehalt an stickstoffhaltigen Verbindungen zurückzuführen ist, so darf der Bestimmung des Gehaltes an organischem Stickstoff im vorliegenden Falle nicht die Bedeutung beigemessen werden wie bei Abwässern, deren Fäulnisfähigkeitsgrad durch ihre stickstoffhaltigen Verbindungen bestimmt wird.

Die Bestimmung der Oxydierbarkeit der Abwässer hat im vorliegenden Falle, wie auch bei unseren sonstigen Versuchen mit dem Oxydationsverfahren sehr wertvolle Aufschlüsse über die Fäulnisfähigkeit der erzielten Reinigungsprodukte ergeben.

Tabelle 68.

Zuckerfabrik-Abwässer.

Datum	Durchsichtigkeit in cm			Geruch			Oxydierbarkeit Kaliumperm.-Verbr. mg pro Liter			Herabsetzung in %	
	R.$_1$	Schl. I$_2$	Schl. II$_2$	R.	Schl. I	Schl. II	R.	Schl. I	Schl. II	Schl. I	Schl. II
1900											
18/10	1,1	1,3	1,8	faulig H$_2$S	kohlartig	stark modr.	306	188	140	38,6	54,3
5/11					faulig			137	62		
10/11				H$_2$S	modr. n. Schlamm	kohlartig	321	162	73	49,5	77,8
20/11				H$_2$S	H$_2$S	modrig	367	262	143	28,6	61,0
28/11	0,3	1,5	3,0	nach Rüben etwas faul.	schw.faul.	schw. modr.	370	245	108	33,8	70,8
30/11	0,3	1,0	2,5	stark faul. H$_2$S	faulig	modrig	840	705	315	16,1	62,5
2/12	0,4		2,8	faulig H$_2$S		schw. modr.	666		320		52,0
11/12	0,3		2,5	widerl. faul. H$_2$S		modrig	2546		207		91,9
20/12	0,3	0,5	3,0	faulig H$_2$S	H$_2$S	modrig	735	514	244	30,1	66,8

1: R = Rohwasser; 2: Schl. I = prim. Schlackeabflufs; 3: Schl. II = sec. Schlackeabflufs.

In der vorstehenden Tabelle sind die Ergebnisse der Oxydierbar-
keitsbestimmungen in Vergleich gesetzt mit den Ergebnissen der
Geruchsbestimmungen.

Die Oxydierbarkeit der Abwässer wurde durch die primären Körper
in der Regel um etwa 30% herabgesetzt, durch die sekundären Körper
wurde sie weiter bis auf etwa 60—70% herabgesetzt, im Durchschnitt
um 67,1%.

In betreff der Veränderung der äußeren Beschaffenheit und des
Geruches der in Frage stehenden Fabrikabwässer möchten wir zunächst
darauf hinweisen, daß die benutzten Oxydationskörper wegen der
Korngröße der benutzten Schlacke eine Filterwirkung nicht bis zu dem
Grade ausübten, daß eine völlige Klärung der Abwässer erzielt wurde.
Wohl werden die ungelösten Schmutzstoffe, wie vorhin schon erwähnt,
fast vollständig in dem Oxydationskörper zurückgehalten, doch enthalten die Abflüsse aus den Körpern genügend feinere Suspensionen,
um das erhaltene Produkt trübe erscheinen zu lassen. Hierzu bemerken
wir, daß wir unsere Aufgabe im vorliegenden Falle, wie schon erwähnt
wurde, nicht in der Reinigung der Abwässer bis zu ihrer völligen
Klärung erblickt haben. Diese Aufgabe würde nur für solche Fabriken
in Frage kommen, welche Rieselfelder nicht besitzen und zugleich
unter sehr ungünstigen Vorflutverhältnissen leiden.

Von großer Bedeutung erscheint uns aber die durch diese Versuche
festgestellte Thatsache, daß die Abflüsse der sekundären Schlacke
einerseits den specifischen Rübengeruch vollständig verloren hatten
und anderseits der mit Schwefelwasserstoffbildung einhergehenden
stinkenden Fäulnis nicht mehr zugänglich waren.

Die von uns beobachteten Wendessener Abwässer zersetzten sich
beim Stehen an der Luft alsbald unter Bildung von Schwefelwasserstoff und intensiver Schwarzfärbung. Die Abflüsse der primären
Schlacke zeigten diese Zersetzungsvorgänge in bedeutend schwächerem
Maße. Die Abflüsse der sekundären Schlacke aber zeigten selbst bei
einer über 10 Tage hinaus fortgesetzten Beobachtung niemals eine
Schwarzfärbung. In einer der von uns beobachteten Proben zeigte
sich zwar ein geringer schwarzer Bodensatz, nachdem die Probe sich
inzwischen vollständig geklärt hatte. Alle übrigen Proben waren aber
völlig frei von solchen Ausscheidungen.

Der Geruch der Abflüsse aus dem sekundären Körper war von
Anfang an während der ganzen Beobachtungszeit stets moderig, niemals
faulig. Dieser moderige Geruch wurde beim Stehen nicht intensiver,
sondern schwächer. Nach erfolgter Reifung des Körpers hat keine
der gewonnenen Proben einen an Rüben erinnernden Geruch aufgewiesen. Schwefelwasserstoff war in keiner der untersuchten Proben
nachweisbar.

Fische (Goldfische, Ellritzen und Karauschen), welche in die mit
der 5 fachen Menge reinen Wassers verdünnten Abflüsse der sekundären
Schlackenabflüsse gebracht wurden, blieben völlig munter.

Die erzielten Ergebnisse lassen sich zusammenfassen, wie folgt:
Die Abwässer der Zuckerfabrik Wendessen konnten durch das
Oxydationsverfahren bei Benutzung eines primären und sekundären
Schlackenkörpers und täglich 2 maliger Beschickung dieser Körper in
ein Produkt verwandelt werden, welches den specifischen Rübengeruch
nicht mehr aufwies und beim Stehen an der Luft der stinkenden,
mit Schwefelwasserstoffbildung einhergehenden Fäulnis nicht mehr
verfiel.

Die erzielten Ergebnisse enthalten einen neuen Beweis für die
aufserordentliche Leistungsfähigkeit des Oxydationsverfahrens.

Bierbrauerei-Abwässer.

Auch die Abwässer der Bierbrauereien zeichnen sich bekanntlich
durch hohen Gehalt an organischen Substanzen aus und neigen deshalb sehr zur stinkenden Fäulnis. Auch für diese Abwässer war aufser
dem Berieselungsverfahren bislang keine Reinigungsmethode bekannt,
durch welche ihre vollständige Befreiung von der Fäulnisfähigkeit zu
erzielen wäre. Es erschien uns deshalb eine ebenso interessante wie
wichtige Aufgabe, festzustellen, inwieweit diese Abwässer der Reinigung
durch das Oxydationsverfahren zugänglich wären. Von einer Bier-
brauerei haben wir uns täglich Abwässer verschafft und in unserer
Klärversuchsanlage einer Reinigung durch das Oxydationsverfahren
unterzogen. Aufserdem waren wir in der Lage, bei einer Brauerei an
Ort und Stelle Reinigungsversuche an den in einer Sammelgrube auf-
gestauten Gesamtabwässern ausschliefslich der Kondenswässer anzu-
stellen.

Bei diesen Versuchen wurden die Oxydationskörper aus verschieden-
artigem Material aufgebaut. Der Kürze halber teilen wir hier nur die
Hauptversuche mit.

a) Versuche in kleinen Oxydationskörpern.

Es kam das doppelte Oxydationsverfahren zur Anwendung unter
Verwendung eines primären Oxydationskörpers aus Ziegelbrocken und
eines sekundären Oxydationskörpers aus Schlacke. Die Abwässer
blieben in jedem Körper 4 Stunden stehen. In einer Versuchsreihe
wurden frische Abwässer auf die Oxydationskörper gebracht, in einer
anderen Versuchsreihe Abwässer, die vorher der stinkenden Fäulnis
überlassen waren.

1. Versuch mit frischem Abwasser (vergl. Tabelle 69).

Der Gehalt der benutzten Abwässer an organischem Stickstoff betrug in der Regel etwa 80 mg pro Liter, an einem Versuchstage 35,3 mg. Die durch das doppelte Oxydationsverfahren erzielte Herabsetzung des Gehaltes an organischem Stickstoff schwankte zwischen etwa 55 und 60%. Die Oxydierbarkeit wurde durchschnittlich um etwa 60,2% herabgesetzt, der Glühverlust ebenfalls um etwa 63,5%.

Tabelle 69.

1. Versuch: Prim. Körper mit frischem Abwasser beschickt.

Datum	Oxydierbarkeit mg Kaliumpermangau.-Verbrauch pro Liter			Herabsetzung in %								
				Oxydierbarkeit		Organ. Stickstoff		Albuminoid-Stickstoff		Glühverlust	
	R_1	Z_2	Sch_3	Z_2	Sch_3	Z_2	Sch_3	Z_2	Sch_3	Z_2	Sch_3
1901											
23/1	1714	1300	750	24,2	56,2	39,1	56,1	25,0	59,1	39,9	59,8
26/1	1408	1163	612	17,4	56,5	32,3	60,3	22,4	56,0	19,7	57,9
12/2	1419	1102	447	22,3	68,5	26,5	55,3	11,2	62,8	39,9	72,8
19/2	2054	1706	823	16,9	59,7						

1: R = Rohwasser; 2: Z = pr. Ziegelbrockenabfluſs; 3: Sch = sec. Schlackeabfluſs.

Die Abflüsse zeigten in der Regel einen moderigen Geruch, gelegentlich hatten sie einen schwachen Geruch nach Hopfen, unter Umständen erinnerte der Geruch noch an Hefe. Schwefelwasserstoffbildung ist bei 10 tägiger Beobachtung in den Abflüssen aus der sekundären Schlacke nie beobachtet. Eine Schwarzfärbung der Abflüsse aus dem sekundären Körper trat niemals ein.

2. Versuche mit vorgefaultem Abwasser (vergl. Tabelle 70).

Der Gehalt der vorgefaulten Abwässer an organischem Stickstoff wurde nur einmal bestimmt und betrug 35,3 mg im Liter. Er wurde durch das Oxydationsverfahren auf 15,9, d. h. um reichlich 60% herabgesetzt. Die Herabsetzung der Oxydierbarkeit wurde häufiger bestimmt und betrug durchschnittlich etwa 64%.

Tabelle 70.

2. Versuch: Prim. Körper mit vorgefaultem Abwasser beschickt.

Datum	Oxydierbarkeit mg Kaliumpermangan.-Verbrauch pro Liter			Herabsetzung in %								
				Oxydierbarkeit		Organ. Stickstoff		Albuminoid-Stickstoff		Glühverlust	
	R_1	Z_2	Sch_3	Z_2	Sch_3	Z_2	Sch_3	Z_2	Sch_3	Z_2	Sch_3
1901											
12/2	1545	1010	483	34,6	68,7	39,1	61,6	43,1	68,3	20,3	51,2
19/2	1920	1440	780	25,0	59,4						
26/3	1875	1485	690	20,8	63,2						

1: R = Rohwasser; 2: Z = pr. Ziegelbrockenabfluſs; 3: Sch = sek. Schlackeabfluſs.

In Bezug auf Fäulnisfähigkeit verhielten sich die durch das doppelte Oxydationsverfahren behandelten, vorgefaulten Abwässer ebenso wie die gereinigten, frischen Abwässer. Der Geruch des Produktes war moderig, gelegentlich fand sich eine Andeutung an den Geruch nach Hopfen, bezw. Hefe. Nachträgliche Schwefelwasserstoffbildung trat auch in diesen Reinigungsprodukten, nicht auf.

b) Versuche in der Brauerei B.

Die Abwässer der Brauerei B fließen einer Sammelgrube zu, von wo aus sie in eine vorhandene, durchaus ungenügende Reinigungsanlage gelangten. Der Sammelgrube wurden bis dahin die Kühl- und Kondenswässer und die meteorischen Niederschläge zugeführt. Diese wurden während der Dauer unseres Versuches von der Sammelgrube fern gehalten. Es kam das einfache Oxydationsverfahren zur Anwendung.

Die Zusammensetzung der Brauerei-Abwässer unterliegt zu verschiedenen Tageszeiten sehr großen Schwankungen. Es war deshalb für unsere Versuche als ein besonders günstiger Umstand zu betrachten, daß in der Sammelgrube zunächst eine gründliche Durchmischung der Abwässer stattfand. In der Nähe der Sammelgrube wurden Oxydationskörper aus Kies, Coke und Schlacke hergestellt. Von einer Besprechung der mit Kies und Schlacke angestellten Versuche sehen wir in diesem Falle aus dem Grunde ab, weil das betreffende Material von ungünstiger Beschaffenheit war. Es mag nur erwähnt sein, daß durch den Kies eine durchschnittliche Herabsetzung der Oxydierbarkeit um 76,3% erzielt wurde, durch die Schlacke eine Herabsetzung um 64,6%.

Beim Aufbau des Cokekörpers war mit größerer Sorgfalt verfahren worden. Von den ausgeführten Analysen sind nachstehend die uns hier in erster Linie interessierenden Daten mitgeteilt. Hieraus ergibt sich, daß die Oxydierbarkeit des ungereinigten Abwassers zwischen 163,1 und 1433 mg Kaliumpermanganatverbrauch im Liter schwankte, in der Regel etwa 500 mg betrug. Die Oxydierbarkeit der Abflüsse schwankte zwischen 33,2 und 186 mg Kaliumpermanganatverbrauch, die durchschnittliche Herabsetzung der Oxydierbarkeit betrug 82,3%.

Die Abflüsse aus dem Oxydationskörper hatten die Fähigkeit der fauligen Zersetzung verloren; sie hatten einen schwach erdigen Geruch, bezw. waren sie geruchlos; bei 10 tägiger Beobachtung trat kein Geruch in ihnen auf, Schwefelwasserstoffbildung wurde nicht beobachtet. Die Brauerei-Abwässer reagieren zuweilen leicht sauer; aus dem Oxydationskörper wurde deshalb Eisen in Lösung übergeführt, welches bei Berührung mit der Luft in kleinflockiger Form ausfiel. Immerhin bewegte sich dieser Prozeß innerhalb so niedriger Grenzen, daß die behandelten Abwässer in ihrem Aussehen einem nicht filtrierten, reinen Flußwasser glichen. Durch nachträgliche Sandfiltration wurde ein krystallklares, blankes Produkt erzielt.

Während der 3 monatlichen Betriebsperiode dieser Anlage blieben die Ergebnisse annähernd unverändert. Die Reifung der Oxydations- körper trat relativ schnell ein. Der Reinigungserfolg stieg mit dem Fortschreiten des Versuches um ein Geringes.

Es mag noch erwähnt sein, daß der Versuch in die Monate November bis Januar fiel, und daß die Oxydationskörper im Freien ungeschützt aufgestellt waren.

Hiernach sind auch die Resultate, welche wir bei der Behandlung von Brauerei-Abwässern durch das Oxydationsverfahren erzielten, un- erwartet günstige gewesen. Es hat sich nachweisen lassen, daß solche Abwässer selbst durch das einfache Oxydationsverfahren einer in der Regel vollständig genügenden Reinigung unterzogen werden können; unter Umständen wird sich aber empfehlen, das doppelte Oxydations- verfahren zur Anwendung zu bringen.

Preßhefefabrik-Abwässer.

Durch das freundliche Entgegenkommen der Preßhefefabriken A.-G., vorm. H. Helbing in Wandsbeck, bot sich uns Gelegenheit, auch an diesen, unseren öffentlichen Gewässern überaus gefährlichen Abwässern zu experimentieren. In der Fabrik wurden primäre und sekundäre Oxydationskörper aufgestellt; in diesem Falle wurden beide Körper aus feinem Material hergestellt. Auch bei diesen Abwässern schwankte die Oxydierbarkeit bei den verschiedenen Betriebsstadien in hohem Maße. Die nachstehende Tabelle enthält einige Ergebnisse aus den längere Zeit hindurch fortgesetzten Versuchen.

Tabelle 71.
Abwässer aus einer Preßhefefabrik.

Datum	Geruch			Oxydierbarkeit				
				mg Kaliumpermanga-natverbrauch pro Lit.			Herabsetzung in %	
	R_1	CI_2	CII_3	R	CI	CII	CI	CII
1899 24/6	heßg-würzig	aromatisch	aromatisch	1018	282	65	72,3	93,7
28/6	heßg-faulig	schw. aromat.	schw. aromat.	506	115	55	77,3	89,1
12/7	—	erdig-modrig	fast geruchlos	233	93	81	60,1	65,2

1 : R = Rohwasser; 2 : CI = prim. Cokeabfluß; 3 : CII = sek. Cokeabfluß.

Die Oxydierbarkeit wurde an Tagen, wo die Abwässer sehr konzentriert waren, um reichlich 90% herabgesetzt. An Tagen, wo die Abwässer verdünnter waren, glichen sich die Ergebnisse in solchem Maße aus, daß die Oxydierbarkeit in absoluten Zahlen nicht geringer war als an solchen Tagen, wo Abwässer mit größerer Oxydierbarkeit aufgebracht wurden. Die Abflüsse aus dem zweiten Oxydationskörper rochen bei Beginn des Versuches noch aromatisch, später hatten die Abflüsse aus dem ersten Körper einen erdig-moderigen Geruch, während die Abflüsse aus dem zweiten Körper fast geruchlos waren.

Hiernach ist begründete Aussicht vorhanden, daß selbst die Abwässer von Preßhefefabriken durch das Oxydationsverfahren bis zu einem Grade gereinigt werden können, daß sie auch bei ungünstigsten Vorflutverhältnissen zu Mißständen in den öffentlichen Gewässern nicht mehr Anlaß geben können.

Lederfabrik-Abwässer.

Im Gerbereibetriebe hat sich im Laufe der letzten Jahre eine eingreifende Veränderung vollzogen, bedingt durch die Einfuhr von Quebrachoholz als Gerbematerial aus dem Auslande. Die größeren Gerbereien befanden sich bis dahin in der Nähe der deutschen Eichenschälwälder. Seit das Quebrachoholz in Aufnahme gekommen ist, hat sich eine größere Anzahl von Gerbereien in der Umgebung Hamburgs etabliert, zum großen Nachteil unserer öffentlichen Gewässer.

Bei diesen modernen Gerbereibetrieben wird die Enthaarung in der Regel durch Schwefelnatrium bewerkstelligt.

Die Abwässer unserer Gerbereien zeichnen sich aus durch einen sehr hohen Gehalt an fäulnisfähigen Schwebestoffen, an gelösten fäulnisfähigen Substanzen, an Schwefelsalzen und, sofern gesalzene, nicht getrocknete Häute verarbeitet werden, an Kochsalz.

Durch die Einleitung solcher Abwässer in unsere öffentlichen Gewässer sind diese einerseits stark verschlammt, anderseits werden sie in den Zustand stinkender Fäulnis versetzt. Außerdem tritt infolge der Bildung von Schwefeleisen und Eisentannat eine Schwarzfärbung der Gewässer ein.

Vorwiegend handelt es sich in unserer Umgebung um Flußläufe, deren Wasser ohnehin nicht trinkbar ist. Durch Beseitigung der Fäulnisvorgänge, der Schwarzfärbung und der Schädigung des Fischlebens in den Flüssen würde in solchem Falle in der Regel den hygienischen und wirtschaftlichen Anforderungen genügt sein.

Die bislang seitens der Lederindustrie zur Anwendung gekommenen Reinigungsverfahren haben bekanntlich bis auf das Berieselungsverfahren alle versagt. Das Berieselungsverfahren ist in hiesiger Gegend wegen der ungünstigen Terrainverhältnisse selten durchführbar. Es handelt sich hier meist um völlig durchnäfsten Marschboden, in welchem das Grundwasser bis nahe zur Terrainhöhe steht und der sich auch nicht trocken legen läfst.

Den sonstigen Reinigungsverfahren wird nachgesagt, dafs sie höchstens eine Herabsetzung des Gehaltes an schwebenden Schmutzstoffen zur Folge hätten.

Wir haben uns die Aufgabe gestellt, mittels des Oxydationsverfahrens die Abflüsse von Gerbereien so weit zu reinigen, dafs sie der stinkenden Fäulnis nicht mehr zugänglich wären und, mit eisenhaltigem Wasser vermischt, eine Schwarzfärbung nicht mehr herbeiführten.

Bei diesen Versuchen haben wir das doppelte Oxydationsverfahren in Anwendung gebracht, unter Benutzung von Ziegelbrocken, Schlacke und Coke. Dabei hat es sich gezeigt, dafs sowohl durch Ziegelbrocken, wie auch durch Coke und Schlacke sich unsere Aufgabe in befriedigender Weise lösen läfst.

Die Oxydationskörper wurden täglich zweimal gefüllt. Bei einer täglich einmaligen Füllung würde die Anlage in der Regel zu grofs und deshalb zu kostspielig werden. Eine täglich dreimalige Füllung haben wir nicht in das Bereich unserer Untersuchungen gezogen, in der Voraussetzung, dafs diese eine Überanstrengung der Oxydationskörper bedeuten würde.

Es mag an dieser Stelle nur mitgeteilt werden, dafs eine Herabsetzung der Oxydierbarkeit bis zu reichlich 75% und eine Herabsetzung des Gehaltes an gelöstem organischen Stickstoff bis zu 82% erzielt wurde.

Das erzielte Produkt war bei allen angestellten Versuchen der stinkenden Fäulnis nicht mehr zugänglich. Die Proben, in offenen Cylindern, bezw. offenen Behältern aufbewahrt, zeigten innerhalb zehn Tagen weder einen Geruch nach Schwefelwasserstoff, noch einen fauligen Geruch. In keinem Falle trat bei Vermischung unserer gereinigten Abwässer mit eisenhaltigem Wasser eine Verfärbung ein.

Von einer eingehenden Mitteilung unserer Analysendaten sehen wir an dieser Stelle ab. Eine grofse Lederfabrik steht im Begriff, unter Anwendung des Oxydationsverfahrens nach unseren Angaben eine Reinigungsanlage zur Behandlung ihrer gesamten Abwässer herzustellen. Wir behalten uns vor, die Ergebnisse dieses im grofsen Mafsstabe durchgeführten Versuches seiner Zeit mitzuteilen.

Originalarbeiten.

1. D u n b a r , Die Behandlung städtischer Spüljauche mit besonderer Berücksichtigung neuerer Methoden. D. Vierteljahrsschr. f. öffentl. Gesundheitspflege, Bd. XXXI, H. 1.

2. D u n b a r , Zur Frage über die Natur und Anwendbarkeit der biologischen Abwasserreinigungsverfahren, insbesondere des Oxydationsverfahrens. D. Vierteljahrsschr. f. öffentl. Gesundheitspfl., Bd. 31, S. 625.

3. D u n b a r , Beitrag zur Kenntnis des Oxydationsverfahrens zur Reinigung von Abwässern. Vierteljahrsschr. f. ger. Med. u. öffentl. Sanitätswesen, 3. Folge XIX, Suppl.-Heft, S. 178.

4. D u n b a r und Z i r n , Beitrag zur Beurteilung der Anwendbarkeit des Oxydationsverfahrens für die Reinigung städtischer Abwässer. Vierteljahrsschr. f. ger. Med. u. öffentl. Sanitätswesen, 3. Folge XIX, Suppl.-Heft, S. 216.

5. D u n b a r und Alexander M ü l l e r , Bemerkungen zur Frage über die Natur und Anwendbarkeit der biologischen Abwasserreinigungsverfahren. Gesundheit 1900.

6. K. T h u m m , Bemerkungen zu den Referaten des Herrn Oberstabsarztes Dr. Nietner über das in der Versuchskläranlage zu Hamburg geprüfte Oxydationsverfahren. Gesundheitsingenieur 1900, Nr. 16.

Auto-Referate.

7. D u n b a r , Zur Frage über die Natur und Anwendbarkeit der biologischen Abwasserreinigungsverfahren, insbesondere des Oxydationsverfahrens. Zeitschr. d. Vereins der Deutschen Zucker-Industrie, Bd. 50, H. 528.

8. D u n b a r , Zur Frage über die Natur und Anwendbarkeit der biologischen Abwasserreinigungsverfahren. Zeitschr. f. Architektur- u. Ingenieurwesen 1900 S. 787.

9. D u n b a r , Zur Frage über die Natur und Anwendbarkeit der biologischen Abwasserreinigungsverfahren. Schillings Journ. f. Gasbel. u. Wasservers. 1900, Nr. 16.

Druck von R. Oldenbourg in München.